高温高压及高含硫井完整性规范丛书

高温高压及高含硫井完整性管理规范

吴　奇　郑新权　邱金平　杨向同　等编著

U0310143

石油工业出版社

内 容 提 要

井完整性是国际上针对高温高压及高含硫井管理的有限手段，是近年全球油气工程技术研究的热点。本书是《高温高压及高含硫井完整性规范丛书》第三分册，其充分借鉴了国际上井完整性的最新标准，结合中国石油在高温高压及高含硫井的实际情况和生产实践中的经验及管理措施，阐述了高温高压及高含硫井在全生命周期内各阶段井完整性管理原则和要求，是高温高压及高含硫井井完整性管理的指导手册。

本书可供石油生产管理者、工程技术人员、科研工作者使用，也可供相关院校师生参考阅读。

图书在版编目（CIP）数据

高温高压及高含硫井完整性管理规范 / 吴奇等编著 .
—北京：石油工业出版社，2017.9
（高温高压及高含硫井完整性规范丛书）
ISBN 978-7-5183-2088-2

Ⅰ . ①高… Ⅱ . ①吴… Ⅲ . ①油气井－管理－规范
Ⅳ . ① TE2-65

中国版本图书馆 CIP 数据核字（2017）第 223372 号

出版发行：石油工业出版社
　　　　　（北京安定门外安华里 2 区 1 号楼　100011）
　　　　　网　址：www.petropub.com
　　　　　编辑部：（010）64523710　图书营销中心：（010）64523633
经　　销：全国新华书店
印　　刷：北京中石油彩色印刷有限责任公司

2017 年 9 月第 1 版　2017 年 9 月第 1 次印刷
787×1092 毫米　开本：1/16　印张：7.75
字数：105 千字

定价：68.00 元

《高温高压及高含硫井完整性管理规范》
编写组

组　　　长：吴　奇

副　组　长：郑新权　邱金平　杨向同　张福祥　陈　刚

主要编写人员：（以姓氏笔画排序）

丁亮亮　马辉运　毛蕴才　艾正青　龙　平
乔　雨　刘会峰　刘洪涛　刘祥康　李玉飞
杨成新　杨炳秀　杨　健　张仲宏　周　朗
周理志　胥志雄　秦世勇　曹立虎　曾有信
曾　努　黎丽丽　滕学清　魏风奇

参与编写人员：（以姓氏笔画排序）

马　勇　王　林　王　强　王　磊　卢亚锋
冯耀荣　吕栓录　朱　磊　李川东　李元斌
李军刚　李　杰　吴　军　何轶果　何银达
何　毅　佘朝毅　张　伟　张　果　张明友
林　凯　林盛旺　季晓红　周建平　段国斌
贺秋云　耿海龙　高文祥　彭建云　彭建新
谢南星　谢俊峰　窦益华

丛书序

截至 2014 年底，中国石油在塔里木油田和西南油气田已投产高温高压及高含硫井 200 余口，其中油套管发生不同程度的窜通、泄漏等问题的井达 40 多口，严重影响了这些井的安全高效开发。目前国际上普遍采用全生命周期井完整性技术来解决高风险井的安全勘探、开发问题，井完整性是一项综合运用技术、操作和组织管理的解决方案来降低井在全生命周期内地层流体不可控泄漏风险的综合技术。井完整性贯穿于油气井方案设计、钻井、试油、完井、生产到弃置的全生命周期，核心是在各阶段都必须建立两道有效的井屏障，通过测试和监控等方式获取与井完整性相关的信息并进行集成和整合，对可能导致井失效的危害因素进行风险评估，有针对性地实施井完整性评价，制订合理的管理制度与防治技术措施，从而达到减少和预防油气井事故发生、经济合理地保障油气井安全运行的目的，并最终实现油气井安全生产的程序化、标准化和科学化的目标。

自 20 世纪 70 年代以来，挪威等国家相继开展了井完整性的系统研究，特别是在 1996 年挪威北海发生恶性井喷失控事故和 2004 年挪威 P-31A 井侧钻过程中发生地层压力泄漏后，井完整性开始真正引起业内重视，并且成立了挪威井完整性协会，颁布了全球第一个井完整性标准 NORSOK D-010《钻井及作业过程中井筒完整性》；2010 年，美国墨西哥湾海上发生震惊全球的 Macando 钻井平台漏油事故后，全球掀起了井完整性研究热潮，挪威、美国、英国等国均加快了井完整性研究的步伐，NORSOK D-010《钻井及作业过程中井筒完整性》(第四版)、《英国高温高压井井筒完整性指导意见》、《水力压裂井井完整性指导意见》、ISO/TS 16530-1《油气井完整性——全生命周期管理》、ISO/TS 16530-2《生产运行阶段的井完整性》等标准相继颁布并得到实施，有效地指导了相关油气井的安全勘探和开发。

目前国内缺少一套系统的井完整性技术标准，而标准化是井完整性技术有效实施和推广的关键，国外标准主要针对海上油气井，对于中国石油高温高压及高含硫油气井，直接应用国外标准无法保证经济性和可实施性。鉴于此，中国石油勘探与生产分公司为加强高温高压及高含硫井从方案设计、钻井、试油、完井、生产到弃置全生命周期的各阶段和节点的井完整性管理，提高高温高压及高含硫井完整性管理水平，从源头上确保高温高压及高含硫井安全可控，2013年8月开始组织中国石油塔里木油田分公司、西南油气田分公司开展高温高压及高含硫井完整性规范的编制工作，分三年完成《高温高压及高含硫井完整性指南》《高温高压及高含硫井完整性设计准则》和《高温高压及高含硫井完整性管理规范》三部井完整性标准规范，并将其分三册作为丛书出版。

本丛书的作者均为中国石油井完整性领域的先行者，具有较高的理论水平和丰富的实践经验。丛书的面世为高温高压及高含硫井的设计、建井、试油、生产、检测和监控等各项主要工作或阶段提出最低要求和推荐做法，较详细地阐述了高温高压及高含硫井的钻井完整性设计、试油井完整性设计、完井投产井完整性设计和暂闭/弃置井完整性设计方法，对全生命周期内各阶段提出了井完整性管理原则和要求，是目前国内在高温高压及高含硫井井完整性方面编写的唯一标准体系，可有效指导国内油气能源行业现场操作。目前，井完整性标准系列在中国石油塔里木油田分公司和西南油气田分公司等单位开始初步推广应用，为高温高压及高含硫油气井设计、施工和管理提供了技术指导，有效保障了该类油气井全生命周期的井完整性。

本丛书充分借鉴了国际上井完整性的最新标准，结合中国石油在高温高压及高含硫井的实际情况和生产实践中的经验及行之有效的管理方法，涵盖内容全面，技术内容均经过了反复讨论和求证，准确度高。希望丛书能成为中国石油上游生产管理者、技术人员、科研人员必备的工具书，在完善设计、安全作业、高效生产、工艺研究和培训教学中发挥重要作用。

2017年8月21日

前　言

　　井完整性是一项综合运用技术、操作和组织管理的解决方案来降低井在全生命周期内地层流体不可控泄漏风险的综合技术，以达到减少和预防油气井事故发生，经济合理地保障油气井安全运行为目标。井完整性标准化是保证井完整性技术和管理有效实施的基础。《高温高压及高含硫井完整性管理规范》是《高温高压及高含硫井完整性规范丛书》的第三部，规范油气井全生命周期内的井完整性管理。

　　在本书的编写过程中，充分借鉴了国际上井完整性的最新标准，结合中国石油在高温高压及高含硫井的实际情况和生产实践中的经验及行之有效的管理措施，经多次讨论修改，历时一年完成。本书详细阐述了高温高压及高含硫井在全生命周期内各阶段井完整性管理原则和要求，包括井完整性管理体系及职责划分、建井阶段的井完整性管理、生产阶段的井完整性管理、井暂闭/弃置的完整性管理、井完整性管理系统和新技术评估与确认等内容，是高温高压及高含硫井完整性管理的指导手册。本书可供石油上游生产管理者、工程技术人员、科研人员使用，也可作为大专院校的教材，供师生使用和参考。

　　本书包括7章内容，第1章由吴奇、杨向同、张福祥、张绍礼、曾努、黎丽丽、邱金平、张仲宏、杨炳秀等编写；第2章由吴奇、张绍礼、杨向同、邱金平、魏风奇、刘洪涛、曾努等编写；第3章由杨向同、龙平、滕学清、张福祥、杨成新、邱金平、刘洪涛、王孝亮、丁亮亮、刘祥康、李玉飞等编写；第4章由郑新权、杨向同、张绍礼、邱金平、周理志、杨健、曾努、刘洪涛、曾有信、林盛旺、丁亮亮、刘祥康、李玉飞、黎丽丽、曹立虎等编写；第5章由杨向同、胥志雄、曾努、刘洪涛、邱金平、曹立虎、刘祥康、艾正青、李玉飞、黎丽丽、丁亮亮等编写；第6章由杨向同、邱金平、刘洪涛、黎丽丽、朱磊、李玉飞等编写；第7章由郑新权、杨向同、刘洪涛、刘会峰、黎丽丽、曹立虎、朱磊、李玉飞等编写。全书由邱金平、杨向同统稿，吴奇、郑新权审定。

本书在编写与出版过程中，得到了中石油塔里木油田分公司、中石油西南油气田分公司、中国石油集团石油管工程技术研究院、西安石油大学等相关单位和院校的大力支持和帮助，在此一并感谢。

鉴于作者水平有限，加之时间仓促，书中难免存在错、漏、不当之处，恳切希望读者批评指正。

目　录

1 井完整性管理规范编制目的

1.1 井完整性管理规范编制目的及意义

井完整性管理是指采用系统的方法来管理全生命周期的井完整性，包括通过规范管理流程、职责及井屏障部件的监测、检测、诊断、维护等方式，获取与井完整性相关的信息，对可能导致井完整性问题的危害因素进行风险评估，根据评估结果制定合理的技术和管理措施，预防和减少井完整性事故发生，实现井安全生产的程序化、标准化和科学化的目标。

为提高中国石油高温高压及高含硫井完整性整体水平，确保高温高压及高含硫井长期安全生产，在《高温高压及高含硫井完整性指南》《高温高压及高含硫井完整性设计准则》编制的基础上，特制定《高温高压及高含硫井完整性管理规范》文件，并与《高温高压及高含硫井完整性指南》《高温高压及高含硫井完整性设计准则》一起形成中国石油的井完整性规范系列，为高温高压及高含硫井的方案设计、建井、生产到弃置各阶段井完整性管理提供技术规范和指导文件，以提升中国石油井完整性管理水平。

1.2 井完整性管理规范编制原则及适用范围

井完整性管理规范的编制原则是在借鉴挪威和英国等国际先进的完整性管理做法的基础上，考虑各地区公司差异，结合各油田近年来完整性管理实践经验，同时兼顾经济性和实施的可操作性。

本管理规范规定了高温高压及高含硫井从方案设计、钻井、试油、完井、生产到弃置全过程的完整性管理的基本要求和推荐做法。

本管理规范适用于高温高压及高含硫井的完整性管理，同时满足以下定义中任意两个条件或以上的井应遵循本管理的要求：

（1）储层孔隙流体压力不小于 70MPa；

（2）储层温度不小于 150℃；

（3）储层 H_2S 含量不小于 $30g/m^3$；

（4）试油预测产气量或生产配产产气量大于 $20 \times 10^4 m^3/d$。

其他高温井、高压井、高产井、高含硫井应根据地质和工艺等条件分析论证是否参照执行本管理规范。

2 井完整性管理体系及职责划分

2.1 井完整性管理体系

按照中国石油 2015 年 6 月发布的《高温高压及高含硫井完整性指南》的要求，各油田公司应建立完备的井完整性管理体系，并明确井完整性管理部门和人员的职责。油田公司业务管理部门负责井完整性管理体系的设计审核、整体运行及决策管理；技术支撑单位负责协助制定井完整性策略，指导和跟踪井完整性动态，为业务管理部门和生产单位提供技术支撑；建井单位负责井屏障的建立，建井期间井屏障的维护、测试及建井资料的移交；生产单位负责生产阶段井完整性的日常管理，并对所辖区块内井完整性状况负责。

各相关单位应设立井完整性管理岗位、明确井完整性管理职责并配备相关人员，其中业务管理部门应设立井完整性管理部门或岗位，配备专（兼）职的完整性管理人员；技术支撑单位应设立井完整性研究机构；相关建井、生产单位应设立井完整性管理岗位。应对各级井完整性管理人员进行专业的井完整性培训，满足开展井完整性工作的能力要求。

2.2 井完整性管理流程

2.2.1 建井阶段井完整性管理流程

建井阶段井完整性管理流程如图 2-1 所示（图中井完整性设计指与井完整性相关的设计内容）。

2.2.2 生产阶段井完整性管理流程

生产阶段井完整性管理流程如图 2-2 所示。

2.3 井完整性管理职责划分

2.3.1 建井阶段的井完整性管理职责划分

2.3.1.1 油田公司职责

（1）制定油田建井阶段井完整性方针政策、管理策略，承

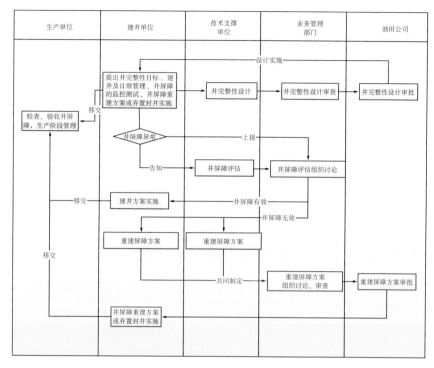

图 2-1　建井阶段井完整性管理流程

诺履行井完整性管理，保护健康、安全、环境、资产和公司声誉，提供资金、人员、设备等保障满足井完整性的要求。

（2）制定井完整性管理程序。

（3）明确各部门关于井完整性的职责。

（4）审批相关设计中的井完整性设计内容和重大方案（井屏障重建、弃置、封井等）决策。

（5）重点井的关键环节的技术指导。

2.3.1.2　业务管理部门职责

（1）组织制定油田建井阶段井完整性管理措施或办法。

（2）督促、指导、检查油田建井阶段井完整性管理措施或办法的落实和考核。

（3）建井阶段相关设计中井完整性设计内容的审查、审批。

（4）负责施工现场技术指导。

（5）组织建井阶段井屏障失效的风险评估、应急措施、井

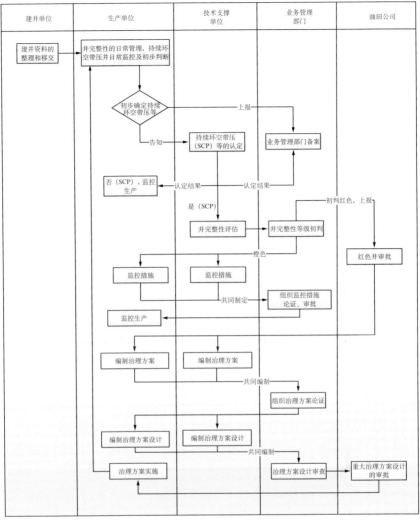

图 2-2　生产阶段井完整性管理流程

屏障重建方案的专家论证和审查。

（6）组织井完整性技术及管理培训。

（7）建井阶段井完整性其他相关问题的协调解决。

2.3.1.3　技术支撑单位职责

（1）协助业务管理部门制定油田建井阶段井完整性管理措施或办法。

（2）负责建井阶段相关设计中井完整性设计内容的编制。

（3）负责井屏障的评估、井屏障失效分析并提出井屏障重建方案。

（4）负责与井屏障相关作业新工艺新技术的评估和确认。

（5）负责施工现场技术支持。

（6）协助相关部门开展井完整性技术相关培训。

（7）负责建井阶段井完整性标准制修订和科研工作。

2.3.1.4　建井单位职责

（1）负责所辖区域井建井阶段的井完整性管理，提供必要的人力、物力资源确保所辖区域井完整性管理目标的实现。

（2）建井阶段井完整性设计内容的审查。

（3）负责井完整性设计、风险削减措施、井屏障重建方案等组织实施。

（4）负责施工现场技术指导。

（5）负责建井阶段井完整性相关资料的收集整理和上报、建井资料移交。

（6）确保现场相关人员（含承包商）经过井完整性培训，确保重要人员有相关资质。

（7）审核承包商的作业程序和作业标准，监督相关的作业人员（如承包商、钻井液工程师、录井工程师、地质监督及其他人员）按照设计和相关规定执行其职责。

（8）负责井屏障的建立、检查、测试和监控，制定建井阶段的环空监控措施，及时分析各作业阶段环空异常情况并上报。

（9）负责建井阶段井完整性失效等相关应急预案的制定、演练与实施，与技术支撑单位共同制定井屏障重建方案。

2.3.2　生产阶段的井完整性管理职责划分

2.3.2.1　油田公司职责

（1）制定油田生产阶段井完整性管理策略、方针政策，承诺履行井完整性管理，提供资金、人员、设备等保障满足井完整性的要求。

（2）明确各部门关于井完整性的职责。

（3）井完整性管理程序的审批。

（4）井完整性等级为红色井和重大治理方案的审批。

（5）重点井的关键环节的技术指导。

2.3.2.2　业务管理部门职责

（1）负责组织制定油田井完整性管理措施或办法。

（2）负责管理、督促、检查各单位井完整性管理系统的运行状况，确保井完整性职责落实和考核。

（3）负责组织隐患井的风险评估、应急措施、治理方案的专家论证和审查。

（4）负责施工现场技术指导。

（5）负责组织井完整性技术、管理培训及技术交流。

（6）负责井完整性其他相关问题的协调解决。

2.3.2.3　技术支撑单位职责

（1）协助业务管理部门制定油田井完整性管理和技术策略。

（2）负责井屏障相关作业新技术新工艺的评估和确认工作。

（3）负责施工现场技术支撑。

（4）负责油田井完整性数据库的维护及数据管理。

（5）负责持续环空带压、井口抬升等异常情况的判定、井完整性风险评估，制定风险削减和治理措施、监控措施。

（6）在业务管理部门的组织下，负责编制实效井治理方案和设计。

（7）协助开展井完整性技术相关培训。

（8）负责井完整性标准制修订和科研工作。

（9）负责编制油田井完整性评估报告，对现场井完整性管理提供技术支撑。

2.3.2.4　生产单位职责

（1）负责所辖区域井的完整性管理，提供必要的人力、物力资源确保所辖区域井完整性管理目标的实现。

（2）负责井完整性相关数据的收集整理和上报。

（3）负责环空带压、井口抬升等异常情况初步分析及上报。

（4）协助技术支撑单位开展井完整性风险评估、制定风险削减和治理措施和监控措施。

（5）在业务管理部门的组织下，与技术支撑单位共同编制失效井治理方案和设计。

（6）负责应急预案的编制、演练与实施，风险削减措施的实施。

（7）负责治理方案的实施、施工现场技术指导。

（8）审核承包商的作业程序和作业标准，确保重要人员有相关资质。

（9）负责现场人员的井完整性生产管理培训。

3 建井阶段的井完整性管理

3.1 井屏障管理

（1）建井单位将井屏障相关信息提供给技术支撑单位，技术支撑单位按照《高温高压及高含硫井完整性指南》《高温高压及高含硫井完整性设计准则》要求绘制出不同作业阶段的井屏障示意图，并在屏障部件对应的表格中注明初始验证测试结果。

（2）每个作业阶段都应建立至少两道独立的经测试验证合格的屏障，若屏障不足两道时，应建立屏障失效的相关应对措施。

（3）建井单位组织相关单位按井完整性设计要求对井屏障部件进行测试、监控和验证，并做好记录；不同工序转换时，应对井屏障部件测试合格才能转入下一工序；井屏障示意图应根据实际情况及时更新。

（4）建井单位根据需要组织相关单位进行井屏障的测试和评估，并据此更新井屏障示意图。

3.2 环空压力管理

3.2.1 钻井期间的环空压力管理

（1）钻井期间应保持井筒液柱压力或井筒液柱压力与井口控制压力之和不小于地层孔隙压力。

（2）钻井期间保证井屏障质量，避免环空异常带压；若环空异常带压，应按照井完整设计准则要求计算并控制环空最大许可压力。

（3）井口安装套管头后应安装校验合格的压力表监控环空压力变化，做好记录。

（4）环空异常带压时，应安装环空泄压管线。

3.2.2 试油和完井投产期间的环空压力管理

（1）试油和完井投产接井前应准确落实各环空压力值，有条件时可安装压力传感器进行连续监测。

（2）根据设计准则计算各环空的许可压力范围，井口安装油、套压力表或压力传感器，连续监测、记录作业期间的压力变化。

（3）按油层套管控制参数及综合控制参数控制各作业阶段的 A 环空压力，根据计算的许可压力范围控制 B、C、D 环空压力，并根据环空带压情况进行评估，依据评估结果采取相应措施。

（4）根据需要安装各级环空的补压、泄压管线，记录压力变化。

3.3　建井质量控制

3.3.1　钻井期间的质量控制

（1）设计部门在钻井工程设计时，应依据《高温高压及高含硫井完整性指南》和《高温高压及高含硫井完整性设计准则》编制井完整性设计内容，按审批流程报批。

（2）钻井期间各个环节应树立"积极井控理念"确保井控安全；根据井的情况和作业工况进行风险识别，并制定防控措施。

（3）严格按钻井工程设计控制井斜、全角变化率及井眼扩大率，为建立可靠的井屏障创造条件。

（4）建设单位应对施工队伍进行设计、技术交底，明确井屏障建立要求与施工注意事项；施工单位应针对井屏障的建立及质量做出施工设计，现场应做好钻井各工序环节的质量控制。

（5）建设单位应对井屏障建立实施过程监督，并做好资料录取与记录。

（6）套管、套管附件、水泥环应按《高温高压及高含硫井完整性指南》《高温高压及高含硫井完整性设计准则》和《高压、酸性天然气井固井技术规范》等要求进行设计、施工、验证。

（7）套管应采取防磨措施，减轻对套管的磨损，必要时计算剩余强度。

（8）对于气井使用气密封螺纹接头，应按规定扭矩或推荐扭矩紧扣，回接生产套管、生产尾管应逐根进行井口气密封检测；上层技术套管、封固长裸眼段的生产套管在确保井下安全情况下进行气密封校验。

9）井口装置应按井完整性要求进行安装、试压。

3.3.2　试油和完井投产期间的质量控制

（1）试油和完井投产设计应严格执行《高温高压及高含硫井完整性设计准则》，现场应做好完井试油各工序环节的质量控制。

（2）按工程设计要求配制射孔压井液、完井液、隔离液、过渡浆等，所有入井液体应具有良好的配伍性，不能相互反应产生沉淀；射孔压井液应具有良好的高温静置稳定性，现场应按预计井底温度进行高温老化实验，根据实验结果调整压井液性能；完井液（或环空保护液）类型应能有效保护油套管。

（3）尾管完成井接井前应对尾管喇叭口进行验窜测试。

（4）油管和采油（气）井口的材质选择应严格执行设计准则要求，不同工况下的试油及完井投产管柱安全系数应符合设计准则规定。

（5）特殊螺纹油管入井时按规定扭矩或推荐扭矩紧扣，完井投产管柱封隔器以上气密封扣油管应逐根气密封检测合格。

（6）入井的工具和接头应有相应的检测合格证，其连接强度不低于与之相连油管本体强度。

（7）采油（气）井口到井前应在工房进行液体、气体密封高低压试压合格并带检测、试压合格证；采油（气）井口安装好后，按油田井控实施细则要求试压合格。

（8）各项作业应符合相应的业务标准、企业标准要求，新工艺新技术应预先进行评估、确认。

（9）试油和完井投产期间要根据井的情况和作业工况进行风险分析，并提出应急预案。

3.4 建井资料管理

建井资料包括钻井资料、试油和完井投产资料和不同作业阶段的井屏障示意图，复杂情况的处理情况资料。

3.4.1 钻井资料

钻井资料应包括但不限于：

（1）井的基本数据。

①井号、井别、井型。

②地理位置、构造位置、钻探目的。

③井位坐标、补心海拔、地面海拔、补心距。

④开钻日期、完钻日期、完井日期。

⑤完钻井深（垂深和斜深）、完钻层位、完井方法、人工井底。

⑥钻井队队号、钻机型号、队长／工程师。

（2）钻井资料。

钻井资料应包括但不限于：

①钻井井史。

②录井报告。

③环空压力状况及钻井期间各环空压力记录情况。

④固井施工报告、固井质量评价报告、固井质量测井图、水泥石强度养护数据等。

⑤套管气密封检测记录。

⑥必要时进行套管磨损、腐蚀情况评估，提供套管剩余强度。

此外，还应评价井场地面基本建筑物是否完好、井场周边环境保护情况、排污池（坑）状况、井下有无落物、套管头证件及配件是否齐全等。

3.4.2　试油和完井投产资料

试油和完井投产资料应包括但不限于：

（1）井身结构，包括完井井身结构图、详细的油管管串结构表、井下工具性能参数、操作说明及厂家。

（2）井口装备，采油（气）树、油管头、套管头。

（3）环空压力，试油和完井投产期间各环空压力记录及当前状况。

（4）报告及曲线，测试求产成果及曲线、油气水分析成果报告、储层改造施工报告及曲线、试油井史等相关资料。

3.4.3　井屏障资料

不同作业阶段转换时，应根据《高温高压及高含硫井完整性指南》识别出移交前的井屏障部件，根据《高温高压及高含硫井完整性设计准则》中的井屏障完整性评价方法对井屏障部件进行评价、验证测试和监控，并绘制井屏障图。

钻井交试油前，应绘制井屏障图，如图 3-1 所示：

利用清单式评价方法对井屏障状态进行评价（表 3-1 为典型井试油前井屏障部件评价表），分别评价地层、井筒和井口屏障部件的完整性，明确地层、井筒和井口装置现状及屏障失效造成的潜在风险，作出评估结论，形成完整性评价报告。

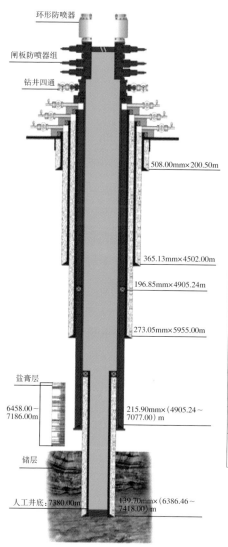

井屏障部件	测试要求	监控要求
第一井屏障		
压井液	定期压井液性能监测	监控液面
第二井屏障		
地层	地层承压实验	—
油层套管	入井前气密封检测全井筒试压	A/B 环空压力监控
油层套管外水泥环	固井质量测井	A/B 环空压力监控
尾管	入井前气密封检测全井筒试压	A 环空压力监控
尾管外水泥环	固井质量测井	A/B 环空压力监控
人工井底水泥塞	试压	—
套管头	安装后试压	—
套管挂及密封	安装后试压	—
钻井四通	安装后试压	—
防喷器	安装后和交接井时试压	—

图 3—1　试油前的井屏障示意图

表 3−1　试油前井屏障部件评价表

井屏障部件	评价内容	评价方法
第一井屏障		
压井液	压井液密度	（1）压井液密度和性能是否符合设计要求。 （2）压井液高温老化实验数据。 （3）若压井液柱压力能平衡地层压力则可以单独作为井屏障
第二井屏障		
隔挡层	目的层上部是否有隔挡层	通过岩性资料、测井资料、地层破裂试验等分析目的层上部是否有隔挡层
目的层及隔挡层处的套管和水泥环	（1）目的层及隔挡层处套管抗外挤强度。 （2）目的层及隔挡层处套管固井质量	（1）校核井内为射孔压井液时的目的层及隔挡层处套管抗外挤安全系数是否满足标准要求。 （2）是否有连续25m固井质量优良的井段
油层套管（含喇叭口）	喇叭口是否密封良好套管抗内压强度能否满足井控和环空加压射孔要求	（1）是否对喇叭口进行负压验窜，验窜压力及结论。 （2）替射孔压井液过程中喇叭口是否窜漏。 （3）校核射孔压井液时的套管强度是否满足井控和环空加压射孔要求
井口装置（包含套管头、油管头、防喷器组）	井口装置是否满足起下钻井控要求	防喷器组合形式、闸板芯子是否满足井控细则规定和设计要求

　　试油和完井投产交开发前，应绘制井屏障图，如图 3−2 所示。

　　利用清单式评价方法对井屏障状态进行评价（表 3−2 为典型井试油和完井投产交开发前井屏障部件评价表），分别评价地层、井筒和井口屏障部件的完整性，明确地层、井筒和井口装置现状及屏障失效造成的潜在风险，作出评估结论，形成完整性评价报告。

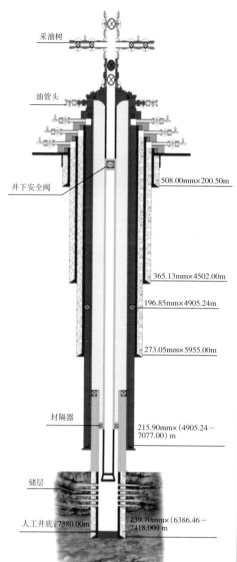

采油树

油管头

井下安全阀

508.00mm×200.50m

365.13mm×4502.00m

196.85mm×4905.24m

273.05mm×5955.00m

封隔器

215.90mm×（4905.24～7077.00）m

储层

人工井底：7380.00m

139.70mm×（6386.46～7418.00）m

井屏障部件	测试要求	监控要求
第一井屏障		
地层	—	—
尾管	—	A 环空压力监控
尾管外水泥环	—	A 环空压力监控
封隔器	坐封后试压	A 环空压力监控
油管	—	A 环空压力监控
井下安全阀	定期测试	A 环空压力监控
第二井屏障		
地层	—	—
套管	—	A/B 环空压力监控
套管外水泥环	—	A/B 环空压力监控
套管头	定期测试	
套管挂及密封	—	A/B 环空压力监控
油管头	定期测试	
油管挂及密封	—	A/B 环空压力监控
采油树	安装后高压试压（水、气）采油树阀功能测试定期测试	—

图 3-2　试油和完井投产交开发前的井屏障示意图

表 3-2　试油和完井投产交开发前井屏障部件评价表

井屏障部件	评价内容	评价方法
第一井屏障		
隔挡层	目的层上部的隔挡层是否有效	通过环空压力监测来验证
封隔器下部套管	（1）生产期间压力下降是否会造成封隔器下部套管被挤毁。（2）关井是否会压坏封隔器下部套管	实际施工参数是否在封隔器下部套管安全控制参数范围内
封隔器下部套管外水泥环	生产期间的温度、压力变化是否会损坏封隔器下部套管外水泥环	通过环空压力监测验证
封隔器	生产期间的温度压力变化是否对封隔器密封性能产生影响	（1）分析实际工况下封隔器压差。（2）通过 A 环空压力监测验证封隔器完整性
管柱	生产期间的温度压力变化是否对管柱产生影响	（1）用实际施工参数再次进行管柱校核，了解生产期间管柱是否安全。（2）通过 A 环空压力监测管柱完整性
井下安全阀	生产期间对井下安全阀的影响	（1）生产期间安全阀内外压力是否超过井下工具强度。（2）井下安全阀是否开关正常
第二井屏障		
完井液	密度及性能	（1）是否符合设计要求。（2）防腐性能评价
封隔器以上油层套管	A 环空施加平衡压力对套管影响	（1）平衡压力是否在套管安全控制参数内。（2）通过环空压力监测验证、环空带压分析
封隔器以上油层套管（含喇叭口）外水泥环	固井质量、套管试压情况、引流试验	通过固井质量测井曲线分析和环空压力监测验证
套管头	密封性	是否泄漏和异常带压
油管头	密封性	是否泄漏、异常带压、开关可靠
采油（气）树	密封性	是否泄漏、开关可靠

4 生产阶段的井完整性管理

4.1 井完整性监测

根据不同的井况制定和实施不同的完整性监测方案。

4.1.1 监控设备配套要求

（1）A、B、C环空均应安装压力表或压力变送器，并确保在有效期之内。

（2）环空压力监测系统宜具备预警提示功能。

（3）A、B、C环空应有连接紧急泄压管线或诊断测试泄压管线的接口，存在环空异常带压的情况应安装紧急泄压管线或诊断测试泄压管线，紧急泄压管线采用基墩固定，诊断测试泄压管线应引到地面并固定牢靠。

（4）含硫井应安装硫化氢监测仪，且监测设备应考虑硫化氢腐蚀的影响。

（5）采油（气）井口应安装可燃气体报警监测仪，并实现远程监控和报警。

（6）出现井口抬升的井应安装井口抬升高度监测仪。

4.1.2 井屏障监测要求

生产单位应制定采油（气）树、油管头、套管头和井下安全阀等屏障部件的维护、保养、监测相关管理规定：

（1）定期对油管挂密封性进行检查，若A环空异常带压需对油管挂密封性测试。

（2）在气井生产阶段的定期测试中，阀门在线测试应满足在15分钟内压降不超过试压值的5%，否则应进行维修。

（3）定期对采油（气）井口装置进行维护、保养：正常井每季度进行一次维护保养；异常井根据情况适时维护保养；更换采油（气）井口（或主要部件）应重新进行试压，按额定工作压力对更换采油（气）井口（或主要部件）及各闸门进行水密封试压，稳压30分钟，压降不大于0.7MPa为合格。

（4）对井下安全阀进行测试、维护，正常情况下每半年应进行一次功能测试；在绳缆或连续油管、储层改造作业前后都应进行功能测试。

4.1.3　流动保障监测要求

（1）生产单位应采取措施及时发现出砂、结蜡、水合物等问题，应严密监测出砂情况。

（2）生产单位应详细收集、记录油嘴管汇及生产管汇收集物，记录表见表4-1。

（3）发现以上问题，及时制定流动保障措施。

表4-1　××井取样记录表

取样时间	取样位置	取样人	样品描述	数量/重量	样品分析结果	备注

注：要求样品照片、分析报告与记录表一起做好资料存档。

4.2　环空压力管理

4.2.1　环空压力控制范围计算

生产阶段应计算环空压力控制范围，指导环空压力管理。常见的环空最大允许工作压力计算方法见附录A。

4.2.2　环空压力监控、测试和诊断

整个生产过程应进行环空压力监控并记录。若环空压力出现异常变化，应及时进行环空带压分析或诊断测试，环空压力出现但不限于以下几种情况时，应开展环空压力诊断、分析：

（1）环空压力超过最大许可工作压力。

（2）正常生产过程中产量、油压平稳，环空压力出现异常。

（3）长期关井环空压力异常上升。

（4）关井初期环空压力不降反升或下降后持续上升。

（5）开井后环空压力上升后缓慢上涨，不能稳定。

通过测试环空压力变化情况、放出流体或补入流体的性质、数量等综合判断环空带压类型：

（1）人工干预（完井期间环空预留压力，改造环空补压等）导致的环空带压。

（2）温度效应导致的环空带压。

（3）持续环空带压。

环空放压，应通过针阀控制放压速度，缓慢的放压；若环空压力较高，应采用阶梯式放压；A环空放压的最低压力值不能低于目前工况下需保持的最小预留工作压力。

4.2.3　持续环空压力判定

环空压力出现异常变化后，应根据环空压力变化情况及诊断测试结果进行持续环空压力判定。出现以下任一情况可判定为持续环空压力：

（1）环空泄压持续放出可燃气体，压力下降缓慢或不降。

（2）停止泄压后压力迅速恢复至原来水平或更高，或泄压放出可燃气体。

4.2.4　持续环空带压监控措施和监控要求

（1）对出现持续环空带压的井，应连续监控，及时诊断分析、评估，做好应急措施。

（2）应保存环空压力数据和操作的历史记录，便于环空带压井的分析和评估。连续的环空压力监测数据按资料录取要求存档，放压、补压数据按表4-2、表4-3详细记录。

表4-2　××井放压记录表

日期	放压环空	放压时间	压力数据										放压持续时间	放出物描述（气液、是否可燃、颜色）	放出量	现场操作人	备注
			油压MPa		A环空MPa		B环空MPa		C环空MPa		D环空MPa						
			放压前	放压后	放压前	放压后	放压前	放压后	放压前	放压后	放压前	放压后					

表 4-3 ××井补压记录表

日期	补压环空	补压时间	压力数据										补压持续时间	补压介质			现场负责人	备注
			油压 MPa		A环空 MPa		B环空 MPa		C环空 MPa		D环空 MPa			介质	用量	密度		
			补压前	补压后	补压前	补压后	补压前	补压后	补压前	补压后	补压前	补压后						

（3）若需要对环空进行泄压，应考虑以下几点。

①如果由于腐蚀和冲蚀原因导致持续环空带压，泄压或补压操作有可能会使带压情况恶化；

②泄压可能造成环空压力升高或环空内烃类流体量增加；

③环空压力管理程序应进行优化，以减少泄压操作的次数和泄放的流体量。

4.3 投产初期管理要求

4.3.1 开井前的检查与试压验漏

（1）开井前应至少做目视检查并书面记录。

（2）井的所有连接件牢固可靠无破损，比如仪表和控制管线完整、放压管线固定牢靠。

（3）井口装置的总体情况，如机械损伤、腐蚀、侵蚀、磨损等。

（4）检查井口装置是否有泄漏现象；检查生产流程中设备、阀门的状态，确保阀门设备完好，阀门开关灵活，开井前处于相应的开关状态。

（5）投产前应检查井屏障部件测试记录，若关井时间超过6个月，应按照规定对采油（气）树及井口装置重新试压或验漏合格方可投产。采油（气）树阀门在线测试应满足在15分钟内压力变化不超过试压值的5%，否则应进行维修；具备条件应对采油（气）树及井口装置进行试压。

4.3.2　投产初期资料要求

（1）开井生产前应编制单井环空压力控制参数，明确各环空压力控制范围、放喷时最小预留油压值。

（2）投产初期是诊断热效应导致环空带压或持续环空带压的关键时期，应严格执行开井投产操作要求，并加强监测资料录取，主要包括以下几方面：

①开井前后油压变化情况。

②环空压力变化情况。

③井口温度变化情况。

④井口产出物情况（油、气、水、固……）。

⑤环空压力操作记录。

（3）投产初期主要确认以下内容：

①各环空带压情况。

②合理的生产参数。

③各屏障部件运行是否正常。

4.3.3　开关井的操作要求

生产过程中除紧急情况或意外关井，高压气井不宜直接采用液动或电动油嘴快速开关井，应采取阶梯式缓慢开关井方式。生产井宜配备固定油嘴和可调油嘴（针式节流阀）。根据井的压力和产量配置情况，可将开关井操作分为 2 ～ 3 阶梯，每次时间间隔 15 分钟以上。

4.4　风险评估及分级管理

4.4.1　风险评估

针对认定为环空压力异常井，应开展井完整性失效风险评估。评估基本方法如下：

（1）绘制潜在泄漏通道图，结合进一步的诊断分析，判断异常压力来源。

（2）根据需要开展井屏障部件可靠性测试。

（3）重新评估各环空允许最大工作压力。

（4）建立风险分析所使用的风险矩阵和可接受准则（高风险：风险不可接受，要提供处理措施，验证处理措施实施的效果；中风险：开展最低合理可行分析，应考虑适当的控制措施，持续监控此类风险；低风险：风险可接受，只需要正常的维护和监控），确保分析的一致性，并提供决策依据。风险矩阵应至少考虑安全风险、环境风险和经济风险，并对失效可能性和失效后果进行定性和（或）定量描述，以确保分析的需要。

（5）根据矩阵图确定气井风险等级，见表图 4-4。

表 4-4　风险矩阵图

失效后果	失效可能性				
	非常低	低	中等	高	非常高
轻微	L	L	L	L	M
一般	L	L	L	M	M
中等	L	L	M	M	H
重大	L	M	M	H	H
灾难	M	M	H	H	H

备注：L—低风险；M—中风险；H—高风险。

附录 B 给出了塔里木油田完整性风险定量评估方法，供参考。

4.4.2　井完整性分级及响应措施

通过井屏障完整性分析及风险评估对井进行分级，根据不同级别制定相应的响应措施，井分级原则及响应措施见表 4-5。附录 C 给出了国外典型井失效模式及响应时间的实例。

表 4-5　井完整性分级及响应措施

类别	分级原则	措施	管理原则
红色	第一屏障失效，第二屏障受损（或失效），风险评估确认为高风险；或已经发生泄漏至地面	红色井确定后，必须立即治理，业务管理部门应立即组织治理方案编制，生产单位立即采取应急预案，实施风险削减措施，防控风险；组织实施治理方案	油田公司领导批准治理方案，业务管理部门组织协调，生产部门组织实施

类别	分级原则	措施	管理原则
橙色	第一屏障受损（或失效），第二屏障完好；或第一屏障受损（或失效），第二屏障虽然受损，但经过风险评估后，确认为中或低风险	首先制定应急预案，根据情况进行监控生产或采取风险削减措施，少调产，尽量减少对环空实施泄压或补压；严密跟踪生产动态，发现问题及时分析评估并采取相应措施	业务管理部门组织技术支撑单位和生产部门共同制定监控措施；生产单位负责监控生产，发生重大变化，上报业务管理部门，并组织技术支撑单位分析变化原因及影响，提出处置意见
黄色	第一屏障完好，第二屏障受损，经过风险评估后，确认为低风险	采取维护或风险削减措施，保持稳定生产，严密监控各环空压力的变化情况；尽量减少对环空采取泄压或补压措施	由生产单位自行监控生产，若发生重大变化，上报业务管理部门，并组织技术支撑单位分析变化原因及影响，提出处置意见
绿色	第一及第二屏障均处于完好状态	正常监控和维护	由生产单位自行监控生产，若发生重大变化，上报业务管理部门，并组织技术支撑单位分析变化原因及影响，提出处置意见

4.4.3 中高风险井完整性管理

中高风险井一般指橙色、红色井。中高风险井的风险削减措施至少包括但不限于以下几个方面：

（1）重新确定环空许可压力操作范围，并设定报警值。

（2）配备必要的泄压或补压装置。

（3）制定开井、关井工况下的油套压力控制措施。

（4）制定相应的应急预案并定期演练。

（5）应对措施方案应根据井的分级情况由业务管理部门组织专家进行审查，并经业务管理部门或油田公司领导审批后方能实施。

4.4.4 完整性分级变更管理

环空压力出现异常变化应及时上报业务管理部门，并由技术支撑单位开展持续环空压力的分析及风险评估，提出分级变更意见，由业务管理部门或油田公司领导审核确定。

5 井暂闭 / 弃置的完整性管理

5.1 井暂闭 / 弃置的完整性管理程序

建井阶段的井暂闭 / 弃置由建井单位提出，业务管理部门审核，油田公司审批后建井单位负责实施。

生产阶段的井弃置由生产单位提出，技术支撑单位进行地质、工程技术论证，油田公司核准后报股份公司审批；股份公司审批后技术支撑单位提出弃置方案，并按程序完成弃置设计，生产单位负责实施。

5.2 井暂闭的完整性监控管理

对于暂闭井要求井内留有一定深度的管柱，采油（气）井口装置组合完好便于监控和应急处理以及使井筒流体与地表有效隔离。暂闭井应对井的第一井屏障和第二井屏障进行定期的跟踪监控。

至少每月一次跟踪记录井口油压和各个环空压力情况，若遇到井口起压时应加密观察记录，必要时进行测试，为后期作业方案提供资料。

6 井完整性管理系统

各油田公司应建立高温高压及高含硫井完整性管理系统，主要用于建井期间和生产期间的井完整性管理，实现高温高压及高含硫井完整性信息化管理，具备井完整性管理的资料查询、分析评估、监测预警等功能。

7 新技术评估与确认

7.1 新技术评估的定义

新技术是指现有标准或程序不能完全覆盖到的技术、设备或工具，它可以是一种创新的技术，也可以是一种成熟的技术在新环境中的应用。新技术应用所面临的最大挑战是在应用过程中的可能会遇到不确性的危害因素。因此，可采用新技术评估来系统性地识别新技术在应用过程中存在的不确性危害因素，然后通过充分的验证测试方法来削减这些危害因素，证明技术可在规定的操作范围内应用，并达到可接受的置信水平。

7.2 新技术分级确认

7.2.1 技术调研

在进行新技术评估前，应对所评估技术进行充分了解，并确定技术期望达到的要求，主要包括技术要求和性能要求。

7.2.2 技术分解

技术分解就是将技术拆分为易于管理的要素，以确认需评估的技术要素。技术分解可从以下方面进行考虑：

（1）主要功能和次要功能。

（2）执行功能的子系统和设备。

（3）工艺流程的顺序或操作。

（4）项目执行的各个阶段，根据制造，安装和操作等阶段的程序来考虑。

7.2.3 技术分级及评估范围确定

针对技术分解后的每个技术要素，按照表 7−1 从技术新颖度和应用领域二个方面考虑，对技术进行分级。

技术分级说明如下：

（1）级别 1：不存在新技术不确定性（成熟技术）。

（2）级别 2：新的技术不确定性。

（3）级别 3：新的技术挑战。

表 7-1　技术分级表

应用领域	技术新颖度		
	成熟的	有限的现场应用	新的或未应用的
已知	1	2	3
有限的认知	2	3	4
未知	3	4	4

（4）级别4：重大新技术挑战。

级别1为成熟技术，不存在新技术不确定性，不需要进行新技术评估。此类技术的验证，测试，计算和分析可通过现有的方法来确认。

对于级别2到4的技术要素，由于其技术不确定性程度增加，因此需要开展新技术评估。

7.3　新技术评估方法流程

对于技术分级为2，3和4的三个级别的技术要素应进行新技术评估。

新技术评估是一套系统的结构化流程，它包括了以下主要步骤：危害识别及风险评估、测试验证计划、测试计划执行和性能评估。新技术评估流程中每一步都应该进行详细地记录，以保证数据和结论的可追溯性。新技术评估的主要流程如图7-1所示。

7.3.1　危害识别、风险评估、室内和现场试验

建井或生产单位提出新技术评估需求，技术支撑单位进行危害识别、风险评估并编制室内或现场试验方案，业务管理部门组织审查通过后，建井或生产单位组织实施，技术支撑单位参与试验全过程。

7.3.2　试验结果评估

技术支撑单位编制评估报告并上报业务管理部门，由业务管理部门组织相关单位对新技术适用性、先进性进行审查确认，

决定是否推广应用。

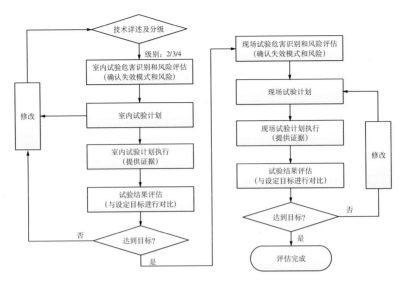

图7-1　新技术评估流程图

附录D给出了塔里木油田新技术评估和确认方法，供广大技术人员参考。

参考文献

［1］ International Organization for Standardization. ISO 16530-2 Well integrity-Part2: Well integrity for the operational phase ［S］. Switzerland, 2013.

［2］ Norwegian Oil Industry Association and Federation of Norwegian Manufacturing Industries. NORSOK D-010 Rev. 4, Well integrity in drilling and well operations ［S］. Strandveien, 2013.

［3］ American Petroleum Institute. API 17TR8, High-Pressure High-Temperature (HPHT) Design Guidelines ［S］. Washington DC:API, 2013.

［4］ OLF No. 117, Recommended Guidelines for Well Integrity ［S］. Strandveien, 2011.

［5］ The United Kingdom Offshore Oil and Gas Industry Association Limited. Well integrity guidelines, Issue 1 ［S］. London 2012.

［6］ International Organization for Standardization. ISO 10423 Petroleum and natural gas industries Drilling and production equipment-Wellhead and christmas tree equipment ［S］. Washington DC, 2009.

［7］ American Petroleum Institute. API RP 14B, Design, Installation, Repair and Operation of Subsurface Safety Valve Systems ［S］. Washington DC:API, 2005.

［8］ American Petroleum Institute. API RP 90, Annular Casing Pressure Management for Offshore Wells ［S］. Washington DC:API, 2006.

［9］ American Petroleum Institute. API RP 90-2, Annular Casing Pressure Management for Onshore Wells ［S］. Washington DC:API, 2012.

［10］ American Petroleum Institute. API RP 14J,

Recommended Practice for Design and Hazards Analysis for Offshore Production Facilities [S] . Washington DC:API, 2005.

[11] Classification Based on Performance Criteria Determined Form Risk Assessment Methodology, DNV, 2000.

[12] International Organization for Standardization. ISO 14310 Petroleum and natural gas industries Downhole equipment —Packers and bridge plugs [S] . Washington DC, 2008.

[13] SY/T 6646—2006, 废弃井及长停井处置指南 [S] . 北京, 2006.

[14] Recommended Practice DNV−RP−A203. Technology Qualification [S] . Strandveien, 2013.

附录 A

常用的环空最大允许工作压力计算方法

通过确定环空最大允许工作压力，并将各环空压力控制在环空最大允许工作压力以下，能够有效降低井屏障部件失效风险。目前，国内外应用最广泛的环空最大允许工作压力计算方法为 API RP 90《海上油气井环间压力管理》、API RP 90-2《陆上油气井环间压力管理》和 ISO/TS 16530-2《生产阶段的井完整性》中推荐的计算方法，其中 API RP 90-2 以 API RP 90-1 为基础，对环空最大允许工作压力计算方法进行了补充和完善，下面主要介绍 API RP 90-2 和 ISO/TS 16530-2 中推荐的环空最大允许工作压力计算方法，供技术人员参考。

A.1 API 环空最大允许工作压力计算方法

采用 API RP 90-2 推荐的方法计算环空最大允许工作压力时，综合井口压力等级、完井设备压力等级、地层破裂压力和管柱压力等级分别计算出一个最大允许工作压力值，取其中的最小值作为待评估环空的最大允许工作压力值。

A.1.1 井口压力等级

通过井口装置评估得到的所评估环空最大允许工作压力为井口装置工作压力的 80%。其中，井口装置工作压力等于对外层套管起支撑作用的井口段的最大工作压力和最大试验压力的较小值。在计算最大允许工作压力时，采用最大工作压力 80% 的安全系数可以合理的控制井口装置密封失效风险。

A.1.2 完井设备压力等级

通过完井设备评估得到的所评估环空最大允许工作压力为：$(p_{cc} - \Delta p_{cc})$ 的 80%，其中，p_{cc} 是完井设备组成部件的最大工作压力，Δp_{cc} 是在某深度位置上，完井设备组成部件两侧的压力差。在计算最大允许工作压力时，采用80%的安全系数，可以合理地控制完井设备密封失效风险。

A.1.3 地层破裂压力

对地层破裂压力而言，最大允许工作压力是根据在钻穿套管鞋时，在套管鞋位置进行的地层完整性试验（FIT）或漏失试验（LOT）确定的最小地层破裂压力梯度（FG），或根据不会在后续井段中引发钻井液漏失的钻井液密度（MWG，或理想情况下的有效循环密度）确定出来的。在缺乏此类数据时，可以根据当地的经验（例如，地层破裂压力梯度一般范围0.5～0.9psi/ft）和套管鞋位置的垂深（TVD）来估算出比较保守的最小地层破裂压力梯度（FG）。

此类计算方法不适用于与地层不会产生窜流的环空（如水泥封固的环空）。

通过地层破裂压力评估对应的所评估环空的最大允许工作压力为：[TVD×（FG−MWG）]的80%；在计算最大允许工作压力时，采用地层破裂压力80%的安全系数，可以合理地控制地层压力密封破坏的风险。

A.1.4 管柱压力等级

API RP 90-2推荐了三种考虑管柱压力等级计算环空最大允许工作压力的方法，按照计算方法的复杂程度，由简到繁排列依次为：

（1）缺省表示法（DDM）。

（2）简化降级法（SDM）。

（3）直接降级法（EDM）。

A.1.4.1 缺省表示法

对于环空压力非常低且管柱状态不明的井，可采用缺省表示法，缺省表示法是一种非常保守的环空最大允许工作压力确定方法，规定最外层环空的环空最大允许操作压力为100psi，其他所有环空的最大允许操作压力为是200psi，该方法的特点是不需要进行具体计算、非常保守。

A.1.4.2　简化降级法

对环空内层管柱和外层管柱使用简化降级法时，被评估环空的最大允许工作压力取下列几种考虑因素计算结果的最小值：

（1）被评估环空外侧管柱最小抗内压强度的 50%。

（2）被评估环空内侧管柱最小抗外挤强度的 75%。

（3）被评估环空次外层管柱最小抗内压强度的 80%。

对于井内最外侧环空，计算最大允许工作压力时取下列几种考虑因素计算结果的最小值：

（1）被评估环空外侧管柱最小抗内压强度的 30%。

（2）被评估环空内侧管柱最小抗外挤强度的 75%。

对于油管柱和套管柱，最小抗内压强度和最小抗外挤强度可按照 API TR 5C3 标准进行计算。对于包含有两种或多种重量及钢级不同的管柱，环空最大允许工作压力计算要以重量最轻、钢级最低的管柱为准。在接头强度低于管柱本体的情况下，计算时应采用接头的强度。

在环空最大允许工作压力计算过程中，使用管柱强度的百分比来表示安全系数，这样可以更加简便地考虑管柱性能的降低，此安全系数主要考虑以下因素：

（1）管柱内其他部件（如接箍、螺纹等）的最小压力等级。

（2）未知的生产和环境影响因素（管柱冲蚀和腐蚀）。

（3）未知的管柱磨损情况。

在环空最大允许工作压力计算过程中，将安全系数选用为被评估管柱本体最小抗内压强度的 50%，可以合理地控制管柱失效的风险。对最外侧的套管柱，因为这是最后的一道屏障，所以可采用较低的抗内压强度百分比(30%)。在大多数情况下，环空最大允许工作压力通常为所评估套管柱最小抗内压强度的 50%，因为内层管柱最小抗外挤强度的 75% 往往是一个比较高的数值。但是，应充分考虑所评估环空内部管柱挤毁风险。对环空最大允许工作压力计算，将安全系数选用为最小抗外挤强度的 75%，可以合理估算内层管柱挤毁风险。

A.1.4.3　直接降级法

若套管柱经历了较长的钻磨时间，怀疑或已确认发生了冲蚀或腐蚀破坏，或工作在高温环境下，则应考虑使用直接降级法，在计算管柱强度时，应计算某个特定的壁厚减少量或充分考虑某些材料属性。

对管柱使用直接降级法时，被评估环空的最大允许工作压力取下列几种考虑因素计算结果的最小值：

（1）被评估环空外侧管柱剩余最小抗内压强度的 80%。

（2）被评估环空内侧管柱剩余最小抗外挤强度的 80%。

（3）被评估环空次外层管柱剩余最小抗内压强度的 100%。

在计算环空最大允许工作压力时，对环空内外层管柱强度进行降级处理，可通过充分考虑腐蚀、冲蚀、磨损等造成的名义壁厚损失量来直接实现。另外，在对最小抗内压强度和最小抗外挤强度进行调整时，也要选择和应用合适的安全系数。对于油管柱和套管柱本体，最小抗内压强度和最小抗外挤强度可按照 API TR 5C3 标准进行计算。在接头强度低于管柱本体的情况下，计算时应采用接头的强度。

A.1.4.4　其他考虑因素

在某些情况下，由于油管、套管柱或井口装置出现渗漏，造成环空持续带压。此时，前面提到的环空最大允许工作压力计算公式不再适用，应根据具体情况对此类井进行评估。如果在两个或更多个环空之间出现了压力串通（如在"B"环空和"C"环空，或"C"环空和"D"环空之间出现了串通），则可以认为分隔此类环空的套管已不再是合格的井屏障，而且在计算环空最大允许工作压力时不应以这些套管为准。

A.1.5　环空压力操作门限值

通过确定环空压力操作门限值来规定环空压力值操作范

围，压力超出此范围之后，就要对其进行测试、诊断。上诊断门限值是指诊断门限值范围的上限压力值。下诊断门限值是指诊断门限值范围的下限压力值。制定和使用诊断门限值的目的是为了能够及时启动诊断程序，并对压力变化做出响应，以有效缓解对井完整性失效的风险。通常情况下，诊断的第一个步骤是泄掉环空压力、监测流体流动、关井并监测压力恢复情况。

在确定环空压力操作门限值时，应考虑如下因素：

（1）当地管理部门的要求。

（2）当地的地质条件及是否存在饮用水水源。

（3）是否紧邻公共场所。

（4）井设计。

（5）压力表精度。

（6）井寿命和状况（例如直接降级方面的考虑）。

（7）在环空中积累起来的热效应压力影响。

（8）套管环空泄压时，要求操作人员的响应时间（例如，边远位置可能需要更小的诊断门限值窗口）。

（9）压力监测程序（例如，需要为安装手动仪表的井设置更小的诊断门限值窗口）。

（10）当前的环空流体密度及静水压力过平衡消失的潜在可能性。

（11）所有与环空接触地层的地层压力。

诊断门限值的上限值应为最大允许工作压力的某个比较保守的百分比，此上限值要足够低，当热膨胀产生了压力积累时，操作人员有足够的时间进行泄压，或能使操作人员有足够的时间处理窜流通道问题。诊断门限值的下限值应低于人为施加的压力，以容纳热效果，而且此下限值要足够高，以方便探测，并能为解决潜在窜流问题提供足够的响应时间。

在某口井的寿命周期内，应对井况和其他区域数据、资料进行定期评估，以确保是否发生了某些需要对诊断门限值进行更新的变化。这些变化包括但不限于：

（1）在目标井或邻井上进行的泄压试验。

（2）在目标井或邻井上进行的压力试验。

（3）储层能量衰竭。

（4）地层变形。

（5）套管腐蚀。

（6）启动二次/三次采油作业。

（7）安装人工举升设备。

（8）井增产作业。

（9）井用途发生变化（例如生产井改为注水井）。

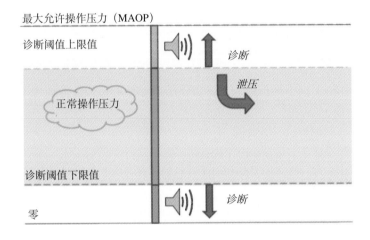

附图 A-1 环空压力操作门阀值

A.2 ISO 环空最大允许工作压力计算方法

ISO/TS 16530-2 详细介绍了各环空中相应各关键点的环空最大允许工作压力计算方法，可以使用这些计算方法来指导建井施工和生产管理，每一类工况下都应进行严格地检查，确保已经找出所有的关键点并进行了正确的计算。

管件的抗内压强度值和抗外挤强度值应根据三轴应力计算方法求出，该计算方法见 ISO/TR 10400 或 API/TR 5C3，同时，应根据使用条件和工况对井进行评估，针对磨损、腐蚀和侵蚀的情况进行降级调整。

在环空流体密度取值时，假定环空或油管被一种流体所充满。但是，如果环空或油管中含有几种流体，或不同状态（固体、液体或气体）的物质，则应在计算中进行调整，体现这几种密度变化。

用于操作的环空最大允许工作压力值应选取每次计算结果的最低值。后续计算相关的符号和缩写见附表 A-1。

目前还有其他一些计算环空最大允许工作压力的方法，这些方法通常利用三轴应力分析和各种软件包，其输入数据的范围更广，如作用在管件上的轴向载荷（该载荷会影响到管件的抗外挤强度/抗内压强度）以及材料特性随着温度变化而发生的变化。在作业井中，由于磨损、腐蚀或侵蚀等会使得管件的壁厚减小，计算环空最大允许工作压力时需要考虑这方面的影响。

附表 A-1　环空最大允许工作压力计算中相关符号和缩写

参数		描述
符号	缩写	
D_{TVD}	D	垂向深度（TVD），单位 m 深度是指相对于井口的深度，而不是相对于方钻杆补心的深度
∇P_{BF}	BF	环空中的钻井液破胶后清液梯度，单位 kPa/m
∇P_{EMM}	MM	当量最大钻井液压力梯度，单位 kPa/m
p_{MAASP}	MAASP	最大允许环空地面压力，单位 kPa
∇P_{MG}	G	钻井液或盐水的压力梯度，单位 kPa/m
p_{PC}	PC	套管抗外挤强度，单位 kPa 在计算环空最大允许工作压力时，套管抗外挤强度应乘安全系数
p_{PB}	PB	套管抗内压强度，单位 kPa 在计算环空最大允许工作压力时，套管抗外挤强度应乘安全系数
p_{PKR}	PKR	生产封隔器的额定工作压力，单位 kPa
∇S_{FS}	FS	地层强度梯度，单位 kPa
∇P_{FP}	FP	地层压力梯度，单位 kPa
g_n	—	重力加速度，等于 9.8m/s^2（按照国际计量局公布的数值取值）

续表

下标	描述
A、B、C、D	指定环空
ACC	附件（如坐放短节）
BF	钻井液破胶后清液
RATING	性能的额定值
FORM	地层
LH	衬管悬挂器
PP	生产封隔器
RD	破裂盘
SH	套管鞋
SV	安全阀
TBG	油管
TOC	水泥返高

A.2.1　A环空最大允许工作压力计算

A环空的两种典型情况的示意图如附图A−2所示，相关计算公式如附表A−2所示。

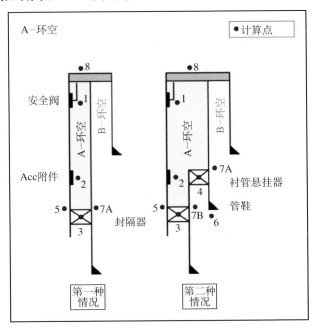

附图 A−2　两种典型的 A 环空示意图

附表 A-2　A 环空的最大允许工作压力计算公式

井屏障部件	项目	哪种环空情况	环空最大允许工作压力计算公式	备注／假设
1	安全阀抗外挤强度	两种情况	$p_{MAASP}=p_{PC,\,SV}-\left[D_{TVD,\,SV}\cdot\left(\nabla P_{MG,\,A}-\nabla P_{MG,\,TGB}\right)\right]$	（1）环空中的流体相对密度最高值。（2）油管中的流体相对密度最低值
2	附件抗外挤强度	两种情况	$p_{MAASP}=p_{PC,\,ACC}-\left[D_{TVD,\,ACC}\cdot\left(\nabla P_{MG,\,A}-\nabla P_{MG,\,TGB}\right)\right]$	（1）环空中的流体相对密度最高值。（2）油管中的流体相对密度最低值
3	封隔器抗外挤强度	两种情况	$p_{MAASP}=p_{PC,\,PP}-\left[D_{TVD,\,PP}\cdot\left(\nabla P_{MG,\,A}-\nabla P_{MG,\,TGB}\right)\right]$	（1）环空中的流体相对密度最高值。（2）油管中的流体相对密度最低值
3	封隔器密封部件的额定压力	两种情况	$p_{MAASP}=\left(D_{TVD,\,FORM}\cdot\nabla S_{FS,\,FORM}\right)+p_{PKR}-\left(D_{TVD,\,PP}\cdot\nabla P_{MG,\,A}\right)$	（1）FP_{FORM} 是指封隔器下方临近地层在封隔器密封部件生命周期内的最低压力。（2）PKR 是指封隔器密封部件的额定压力（在其生命周期内可以要求降低压力等级）
3	衬管密封部件的额定压力	第二种情况	$p_{MAASP}=\left(D_{TVD,\,FORM}\cdot\nabla S_{FS,\,FORM}\right)+p_{PKR}-\left(D_{TVD,\,PP}\cdot\nabla P_{MG,\,A}\right)$	（1）FP_{FORM} 是指封隔器下方临近地层在密封部件生命周期内的最低压力。（2）PKR 是指封隔器密封部件的额定压力（在其生命周期内可能需要降低压力等级）
4	衬管悬挂封隔器的抗内压强度	第二种情况	$p_{MAASP}=p_{PB,\,LH}-\left[D_{TVD,\,LH}\cdot\left(\nabla P_{MG,\,A}-\nabla P_{BF,\,B}\right)\right]$	（1）假定 B 环空中剩余的钻井液已经被分解，在此基础上对钻井液破胶后清液进行假设。（2）在某些情况下，有必要使用 BF_B 来代替地层压力
5	油管的抗外挤强度	两种情况	$p_{MAASP}=p_{PC,\,TBH}-\left[D_{TVD,\,PP}\cdot\left(\nabla P_{MG,\,A}-\nabla P_{MG,\,TBG}\right)\right]$	（1）环空中的钻井液相对密度最高值。（2）油管中的钻井液相对密度最低值。（3）应根据油管柱组合等来确定 D_{PP} 的取值

井屏障部件	项目	哪种环空情况	环空最大允许工作压力计算公式	备注/假设
6	地层强度	第二种情况	$p_{MAASP}=D_{TVD,\,SH}\cdot(\nabla S_{FS,\,A}-\nabla P_{MG,\,A})$	如果不确定衬管叠合处及环空中的水泥质量，则使用衬管悬挂封隔器的额定压力
7A	外部(生产)套管的抗内压强度	第一种情况	$p_{MAASP}=p_{PB,\,B}-[D_{TVD,\,LH}\cdot(\nabla P_{MG,\,A}-\nabla P_{BF,\,B})]$	PB$_B$是指环空外层套管/衬管的抗内压强度 如果梯度BF$_B$大于MG$_A$，则采用最深的深度值。否则，应取$D_{TVD}=0$。应根据油管柱组合等来确定D_{PP}或D_{LH}的取值
		第二种情况	$p_{MAASP}=p_{PB,\,B}-[D_{TVD,\,PP}\cdot(\nabla P_{MG,\,A}-\nabla P_{BF,\,B})]$	
7B	衬管叠合段的抗内压强度	第二种情况	$p_{MAASP}=p_{PB,\,B}-[D_{TVD,\,PP}\cdot(\nabla P_{MG,\,A}-\nabla P_{BF,\,B})]$	在某些情况下，有必要使用P$_{BF,\,B}$来代替地层压力
8	井口额定压力	两种情况	环空最大允许工作压力等于井口额定工作压力	
—	环空测试压力	两种情况	环空最大允许工作压力等于环空测试压力	

注：各点的序号对应于附图 A-2 中的红点。

需要注意的是，如果不想使用工作压力范围中的压力下限值，那么，计算掏空油管或环空的当量密度时，可以将 **MG**（钻井液相对密度）（用于内部管柱）和 **BF**（钻井液破胶后清液）（用于外部环空）设置为零。因此，如果对压力不能进行单独地控制，对于闭合容积有必要考虑热效应。仍需要确定封隔器支撑的最低压力要求。典型的设计方法是在井屏障中使用掏空的油管和环空载荷。

A.2.2　B 环空最大允许工作压力计算

B 环空的两种典型情况的示意图如附图 A-3 所示，其中，第一种情况为 B 环空中的水泥返高在上一级套管鞋以下，第二种情况为 B 环空中的水泥返高在上一级套管鞋以上。相关计算公式如附表 A-3 所示。

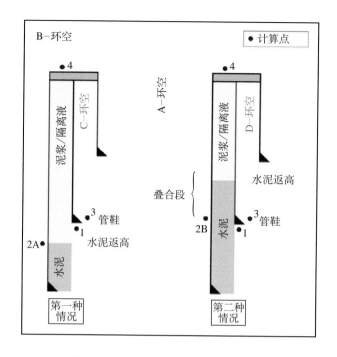

附图 A−3 两种典型的 B 环空示意图

附表 A−3 B 环空的最大允许工作压力计算公式

	项目	哪种环空情况	环空最大允许工作压力计算公式	备注 / 假设
1	地层强度	两种情况	$p_{\text{MAASP}} = D_{\text{TVD, SH, B}} \cdot (\nabla S_{\text{FS, B}} - \nabla P_{\text{MG, B}})$	有必要考虑钻井液降解和水泥隔离液影响
2	内部（生产）套管抗外挤强度	两种情况	$p_{\text{MAASP}} = p_{\text{PC, A}} - [D_{\text{TVD, TOC}} \cdot (\nabla P_{\text{MG, B}} - \nabla P_{\text{MG, A}})]$	PC 是指套管 / 衬管的抗外挤强度。B 环空中的钻井液相对密度最高值。A 环空中的钻井液相对密度最低值（按照 A 环空排空的情况进行评估）。将 D_{TOC} 取调整后的深度（针对不同的套管重量 / 尺寸等）
3	外部套管的抗内压强度	两种情况	$p_{\text{MAASP}} = p_{\text{PC, B}} - [D_{\text{TVD, SH}} \cdot (\nabla P_{\text{MG, B}} - \nabla P_{\text{BF, C}})]$	如果 BF_C 的梯度大于 MG_B，则采用深度的最大值。否则，取 $D_{\text{TVD}} = 0$。应根据套管柱组合等参数来确定 D_{SH} 的取值

续表

	项目	哪种环空情况	环空最大允许工作压力计算公式	备注/假设
4	井口额定压力	两种情况	环空最大允许工作压力等于井口额定工作压力	—
—	环空测试压力	两种情况	环空最大允许工作压力等于环空测试压力	—

注：各点的序号对应于附图 A−3 中的红点。

A.2.3　C 环空最大允许工作压力计算

C 环空的两种典型情况的示意图如附图 A−4 所示，其中，第一种情况为 C 环空中的水泥返高在上一级套管鞋以下，第二种情况为 C 环空中的水泥返高在上一级套管鞋以上。

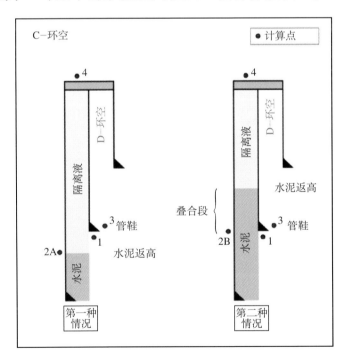

附图 A−4　两种典型的 C 环空示意图

对于之后的环空使用同样的计算方法，详见 B 环空部分。

附录 B

塔里木油田井完整性风险定量评估方法

风险评估是井完整性出问题后进行井管理的最关键环节之一，塔里木油田从 2015 年开始探索半定量和定量的风险评估方法，并在十余口气井中应用，初步形成了一套定量风险评估方法，供井完整性相关技术人员参考。

B.1 完整性评估原理

B.1.1 评估方法选择

生产井的风险评估详细程度取决于井的风险水平和井况复杂程度。对于风险水平较高的井（如高温高压井，高含 H_2S 井，环境敏感区域井）和井况复杂的井（针对目前井的问题没有明确的解决方案，没有可参考的标准和指南等）应开展量化的风险评估。

对生产井的风险评估应遵循先开展定性分析评估，再针对关键井开展详细评估或专项评估的原则。附图 B-1 显示了井的风险评估方法选择的原则。

附图 B-1 风险评估方法选择原则

B.1.2　评估流程

典型的风险评估流程如附图 B−2 所示，主要使用的风险评估方法为井分级和半量化评估。各种分析方法使用条件和主要目的如下：

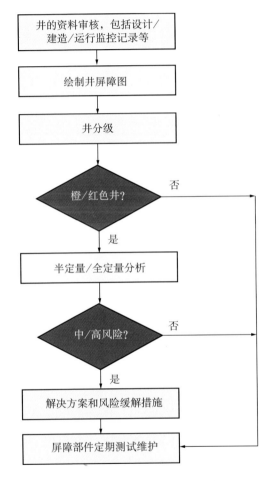

附图 B−2　生产阶段的风险评估流程

（1）井分级。

井分级（Well Categorization）是适用于生产阶段的定性分析方法，其主要目的是对生产阶段，按照屏障的完整性进行筛选。井分级提供了作业者所管理的井的状态的总体概貌。

（2）半量化评估。

主要是针对定性分析中的中/高风险井，开展的进一步详细分析。对失效的可能性和失效的后果进一步量化，在充分认识风险的基础上，为风险决策提供依据。可采用 FTA 的方法来量化计算井泄漏的概率，和采用油气泄漏速率来量化泄漏的后果。

（3）全量化评估。

与半量化评估的不同点在于，全量化评估通过模拟井内油气外泄场景，计算可能造成的人员伤亡，从而得到量化的安全后果。全量化评估普遍应用于海上平台，或周边有大量居民井的安全分析中。

与在选择井完整性相关的风险评估方法时，可以根据井的实际状况，风险评估的目的或作业者的要求要进行，常用的井完整性风险评估方法包括如下：

（1）事件树（Event tree analysis，ETA）。

（2）What-if 分析（What-if analysis）。

（3）检查表（Checklists）。

（4）成本效益分析（Cost benefit analysis）。

（5）人为因素风险分析（Human factor risk assessments）。

（6）健康风险评估（Health risk assessments）。

（7）初步危害评估（Preliminary hazard assessments）。

（8）工作危害分析（Job hazard assessments）。

（9）物理影响模型（Physical effects modelling）。

（10）安全完整性等级评估（Safety integrity level analysis）。

（11）保护层分析（Layers of protection analysis）。

B.1.3　风险矩阵

应建立风险分析所使用的风险矩阵和可接受准则，确保分析的一致性，并提供决策依据。风险矩阵应至少考虑安全风险、环境风险和经济风险，并对失效可能性和失效后果进行定性和量化描述，以满足风险分析的需要，见附表 B-1 至附表 B-3。

附表 B–1　失效可能性分类

失效可能性	说　明
非常低（F1）	(1) 年度发生概率（$<10^{-4}$）。 (2) 不大可能发生
低（F2）	(1) 年度发生概率（$10^{-4} \sim 10^{-3}$）。 (2) 预计在行业内可能会发生
中等（F3）	(1) 年度发生概率（$10^{-3} \sim 10^{-2}$）。 (2) 预计在中国石油范围可能会发生
高（F4）	(1) 年度发生概率（$10^{-2} \sim 10^{-1}$）。 (2) 预计在塔里木油田公司范围可能发生
非常高（F5）	(1) 年度发生概率（$>10^{-1}$）。 (2) 预计在井的生命周期内会发生

附表 B–2　失效后果分级

失效后果	安全	经济	环境	公司声誉
轻微（C1）	无安全影响	轻微损失 <1 万人民币	危险物质少量泄漏，不影响现场以外区域，可很快清除	轻微影响：没有公众反应；或者公众对事件有反应，但是没有公众表示关注
一般（C2）	人员轻伤，需要急救处理	损失较小 $1 \sim 10$ 万人民币	现场受控制的泄漏，没有长期损害	有限影响：一些当地公众表示关注，受到一些指责；一些当地媒体有报道
中等（C3）	人员重伤或 1 人永久伤残	中等损失 $10 \sim 100$ 万人民币	应报告的最低量的失控性泄漏，对现场有长期影响，对现场以外区域无长期影响	很大影响：引起整个区域公众的关注，大量的指责，当地媒体有大量负面的报道；国家媒体或当地/国家政策的可能限制措施或许可证影响
重大（C4）	死亡 $1 \sim 3$ 人或多人永久伤残	损失较大 $100 \sim 1000$ 万人民币	大量油气或危险物质泄漏，对现场以外某些区域有长期伤害	国内影响：引起国内公众的反应，持续不断的指责，国家级媒体的大量负面报道；地区/国家政策的可能限制措施或许可证影响；引发群众集会
灾难（C5）	死亡 3 人以上	损失严重 >1000 万人民币	灾难性油气或危险物质泄漏，现场以外地方长期影响，生态系统严重受损	国际影响：引起国际影响和国际关注；国际媒体大量负面报道或国际政策上的关注；受到群众的压力，可能对进入新的地区得到许可证或税务上有不利影响；对承包方或业主在其他国家的经营产生不利影响

附表 B–3　风险矩阵（举例）

失效后果	失效可能性				
	非常低	低	中等	高	非常高
灾难	M	M	H	H	H
重大	L	M	M	H	H
中等	L	L	M	M	H
一般	L	L	L	M	M
轻微	L	L	L	L	M

B.1.4　ALARP 原则

按照风险评估的结果，将风险矩阵中将风险等级分为三类：高风险，中风险和低风险。对于高风险项（H）应立即开展维修和风险降低措施；对于低风险项（L），可根据相关的管理和维护程序，进行正常的维护和监控。

对于中风险项（M），应开展最低合理可行（ALARP）分析，识别所有在技术和经济上可行的风险减缓措施，并综合考虑风险缓解措施带来的额外风险（包括作业风险、作业成本等）。如风险缓解措施技术上可行或效果收益明显，则该风险等级不可接受，否则该风险等级可接受。

最低合理可行原则如附图 B–3 所示。

B.2　评估所需数据

B.2.1　数据清单

对生产井进行风险评估所需的基本数据清单见附表 B–4，具体评估时采用的数据应根据实际情况决定。

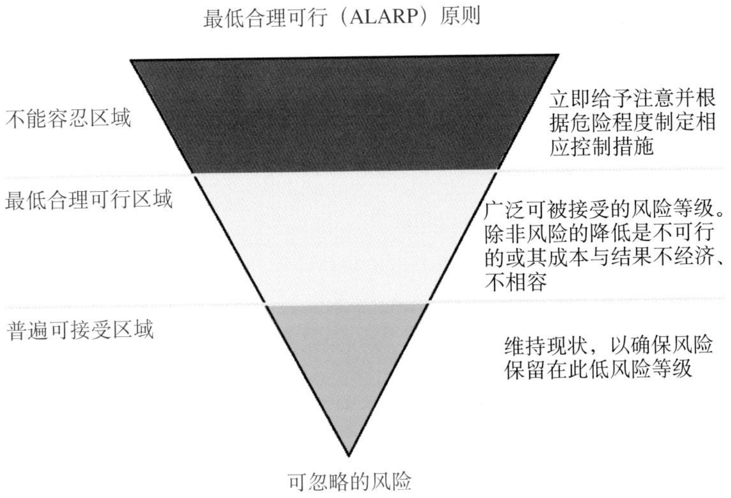

最低合理可行（ALARP）原则

不能容忍区域 — 立即给予注意并根据危险程度制定相应控制措施

最低合理可行区域 — 广泛可被接受的风险等级。除非风险的降低是不可行的或其成本与结果不经济、不相容

普遍可接受区域 — 维持现状，以确保风险保留在此低风险等级

可忽略的风险

附图 B-3　最低合理可行原则

附表 B-4　生产井风险评估所需数据清单

类别	资料描述	定性分析	详细分析
地质设计报告	地层油气藏信息（测井资料）		Y
	测量和（或）预测的地层强度		Y
钻井设计和完工报告	套管程序（深度、尺寸、重量、等级和螺纹类型）	Y	Y
	井口／套管／地层试压	Y	Y
	固井数据，包括每个套管柱内的水泥类型、水泥返高、泵入／返回量、扶正器数量和位置	Y	Y
完井工程设计和完工报告	采气树和井口图纸，关键部件（阀门和模块）的制造商、阀门尺寸、类型、PSL 等级、阀门序列号、手动／液动、开关圈数或励磁阀关闭时间、阀孔尺寸、压力等级、油脂类型、阀腔容积、试压证书	Y	Y
	详细的完井图纸包括深度（TVD 和 MD），油管详细信息（重量、尺寸、螺纹、等级），接头和完井管柱部件（类型、型号、制造商、部件号、压力等级和螺纹类型）；	Y	Y
	井下安全阀数据，包括类型、阀门尺寸、等级、阀门序列号、阀孔尺寸、液压油类型和容积、阀门特性曲线；	Y	Y
	射孔详细信息		Y
	井眼轨迹和井口地面坐标		Y

类别	资料描述	定性分析	详细分析
生产日志	井的操作参数范围	Y	Y
	每日产量（包括油嘴开度）		Y
	流动和关井的压力和温度		Y
	油管和环空中流体类型（包括体积和含有的缓蚀剂）		Y
	流动保障问题：如砂、蜡、水合物	Y	Y
	腐蚀（包括后期大量产水）		Y
维护维修记录	屏障测试维护和监控规程，记录	Y	Y
	井下作业历史		Y
	设备故障历史和分析	Y	Y
环空压力分析	环空压力和压力变化趋势	Y	Y
	各个环空的 MAASP 和 MAOP	Y	Y
	升压泄压诊断分析和记录		Y
其他	井相关的风险评估报告（如 HAZID，FMEA 分析）和风险注册表		Y
	井相关的变更		Y
	井完整性相关的偏差和不符合项		Y

B.2.2 井屏障图绘制

井屏障部件的识别和井屏障图是进行生产井风险评估的基础。在绘制井屏障示意图时，应遵循以下 7 个方面的要求（典型井屏障示意图如附图 B-4 所示）：

（1）井屏障中的地层，要给出地层的强度信息。由于地层作为井屏障部件之一，其强度值应显示在示意图上。地层强度通常由物理测量得出，如地层完整性测试（FIT），地漏测试（LOT）或扩展地漏测试（XLOT）。

（2）井屏障示意图上应显示油气储层信息，用于验证井屏障图是否正确，并确保不同流动层间有封隔。

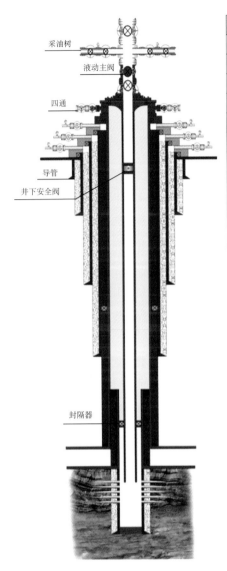

采油树

液动主阀

四通

导管

井下安全阀

封隔器

井的基本信息	
装置：	
井号：	
井型 / 井别：	
井状态：	
版本：	
日期：	
编写：	
审核 / 批准：	

井屏障部件	井屏障验证
第一井屏障	
地层	
尾管	
尾管外固井水泥	
生产封隔器	
油管（封隔器和井下安全阀之间）	
井下安全阀	
第二井屏障	
地层	
套管	
套管外固井水泥	
套管挂及密封	
油管四通及环空阀门	
油管挂及密封	
采油树（主阀）	

井完整性问题	备注

附图 B-4 井屏障示意图

（3）第一屏障和第二屏障中的每个井屏障部件，都应显示在表格中，并注明完整性测试结果。表格应清晰列出所有第一屏障和第二屏障的屏障部件。此外，屏障部件的测试监测和验证活动应该能够链接到相关的表格和历史数据。

（4）图中每个屏障部件都应该显示其正确的深度。井屏障示意图可以不按比例，但必须准确绘制。屏障的深度应使用相对于井上部的相对深度，屏障之间和相对油气储层的深度能正确显示。

（5）所有套管和固井信息，包括表层套管固井信息。应该显示在示意图上，并标明尺寸。

（6）应另附一个单独表格，显示下列信息：安装信息，井名字，类型，井状态，版本，日期，"撰写人"，"验证人"，"审核人"。应提供井的识别号，井的基本信息和井屏障示意图绘制的工程师信息，以便追踪并确保井的数据、屏障信息的准确性。

（7）需包括注释，注明重要的信息。特殊情况下应提供关于井历史和完整性现状的注释信息，任何特殊风险都应标明。

关于井屏障示意图绘制的详细信息见本丛书第一分册《高温高压及高含硫井完整性指南》。

B.3　井分级

井的分级在国际上是一种常见的做法。井的分级是为了确定对屏障退化或失效的井的后续跟踪和行动方案的优先级。此外，井的分级也是为了建立资源分配和可接受行动方案提供一个一致的和系统化的方法。

井的分级方法是一种定性的分析方法，可对生产阶段根据井屏障的状态进行快速的筛选分析。但是井的分级不能代替风险分析，因为井的分级没有考虑井失效的后果，对于关键井，应开展进一步的详细分析。

B.3.1　井分级原则

井分级通常分为 4 级，分别用红色、橙色、黄色、绿色来表示。红色和橙色井，一般表示井发生泄漏失效的概率较高，应进一步分析或进行维修。对于绿色和黄色井，其失效可能性较低，可以继续监控生产。附表 B-5 给出了井的分级要求和相应的行动策略。

附表 B-5　井的分级

类型	原则	行动
红	一个屏障失效，另外一个屏障退化或没有验证，或者已经泄漏至地面	立即开展维修或风险降低措施作业，立即开展详细的风险评估
橙	一个屏障失效，另外一个屏障完好，或者单个失效会导致泄漏至地面	计划开展风险评估。计划开展维修或风险降低措施作业。加强对屏障完整性的监控
黄	一个屏障退化，另外一个屏障完好	加强对屏障完整性的监控
绿	健康井——没有或微小问题	最低监管

在开展井的分级时，还应注意以下方面：

（1）应清晰定义井屏障的退化和完全失效及其区别。

（2）如有共用屏障部件，则该井至少应定义为橙色井。

（3）应识别单个失效导致的同时对两道屏障的威胁，如结蜡可能导致井下安全阀和采油树阀门同时失效不能完全关闭。

（4）对于部分屏障部件，应确认其是否有冗余设备可代替其功能。

（5）在建造过程中没有进行验证测试的屏障，应考虑为未验证的屏障。

（6）在生产过程中没有对屏障部件进行定期测试，应考虑为未验证的屏障。

B.3.2　绿色井

绿色井是指井屏障没有任何问题或具有微小问题，并且所有井屏障部件均符合相关要求，井屏障部件的数量也符合要求。井屏障部件的设计、测试和监控都是经过验证的。

可能有泄漏或失效历史，但已采用减缓或修复措施，目前处于健康状态的井，也可划分为绿色的井。绿色的井不需要采取任何立即修复措施或立即减缓措施。

以下列出了属于绿色井的例子：

（1）井下安全阀以上油管泄漏至环空。

（2）环空持续带压，但是未探测到油气，并且也没有屏障失效。

（3）生产封隔器以上没有或者固井水泥不足，但是该处的非渗透性地层有足够的强度，并且验证其和套管是紧密密封的。

（4）气举井没有安装环空安全阀（ASV）或者阀门失效，但是能够定期测试气举阀（GLV）以验证其良好状态。

（5）油管挂伸长颈密封失效，泄漏速率在可接受范围内，且密封之间的圈闭空间能够承受泄漏导致的压力。

B.3.3 黄色井

黄色井是指可能有失效或泄漏历史，部分已经采取减缓或者维修措施，目前一个屏障降级，另一个屏障完整的井。

尽管井没有任何泄漏历史，屏障部件也满足所有可接受准则，但是如果存在同时威胁 2 个井屏障和导致 2 个井屏障都失效的风险，井的分级可能是黄色。

黄色井发生泄漏概率不可忽略。黄色井的典型例子：

（1）屏障部件（如油管或者套管）泄漏，但泄漏率在可接受准则内。

（2）浅层气造成油气进入环空。

（3）固井质量未达到可接收准则，但是有足够的地层强度。

（4）采油树阀门泄漏超过了可接受准则，但是采取了适当的补偿措施。

B.3.4 橙色井

橙色级别的井是指一个井屏障失效而另一个完好，或者是单一失效就可能导致泄漏到地面。橙色级别的井一般是不满足法规要求的井，在投入运营前，需进行修复和（或）采取减缓措施。橙色井仍有一个屏障是完整的，通常不需要采取立即和紧急措施。

橙色井发生泄漏的概率不可忽略。橙色井的典型例子如下：

（1）地层间的窜流（除非设计允许）。

（2）采油树失效，没有补偿措施。

（3）井下安全阀失效。

（4）套管挂和（或）井口泄露超过了泄漏可接受准则，造成了油管泄漏到环空。

（5）套管固井质量未达到可接受准则，地层强度也不足。

（6）环空间连通。

B.3.5　红色井

红色的井是一个屏障失效另一个屏障降级／未被验证过，或者已经泄漏至地面。红色的井是不满足法规要求的井，需要立即修复。红色井的典型例子如下：

（1）泄漏到地面，井喷。

（2）层间窜流并有可能泄漏到地面。

（3）油管或套管泄漏，另一个屏障开始腐蚀。

（4）环空带压超过定义的压力上限，而且泄漏率超过了可接受准则。

B.4　定量风险评估

生产阶段的量化风险评估，是在识别井屏障现状的基础上计算井发生泄漏至环境的可能性，评估泄漏产生的安全、环境、经济和其他后果。基于井的风险和风险可接受准则，采取相应的措施。生产阶段量化风险评估的主要流程如附图 B-5 所示。

其主要分析步骤如下：

（1）绘制井屏障图，识别第一和第二井屏障部件。

（2）识别井泄漏途径。根据井屏障图，分析井内流体外泄至环境的各种可能性。

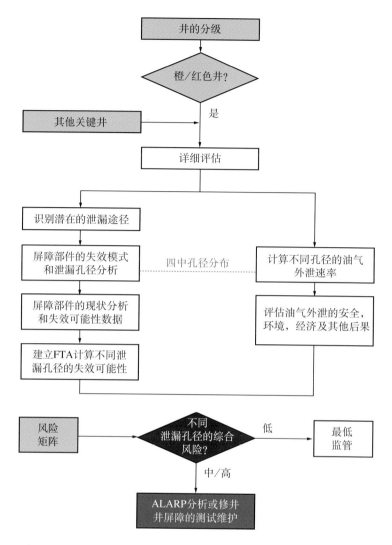

附图 B—5　生产井量化风险评估流程

（3）失效模式和泄漏孔径分析。分析在泄漏途径中每个井屏障部件的失效模式，通用失效频率，及其对应的失效孔径。

（4）评估井屏障部件的现状。审查油气井各阶段的详细资料，包括油气井的设计，钻井，完井，生产及修井作业等文件，确定屏障部件是否失效，退化或未验证。

（5）修正屏障部件的失效频率。按照井屏障部件的现状修正（3）步骤中的井屏障部件的通用失效频率。

（6）井泄漏可能性的计算。建立故障树（FTA），计算不同孔径泄漏的可能性。

（7）计算不同泄漏孔径的泄漏速率，确定总的泄漏速率。评估安全，环境和经济后果。

（8）评估油气井泄漏的风险。结合井泄漏可能性及泄漏后果的评估，并根据所确定的风险矩阵及风险可接受水平，得出目前井泄漏的风险水平。

（9）采取风险降低措施，或开展 ALARP 分析。

B.4.1　泄漏途径识别

参照井屏障图和采油树结构图，识别地层流体从油气藏中泄漏至环境或地层的各种途径。如附图 B−6 所示。

B.4.2　失效模式和泄漏孔径

B.4.2.1　泄漏孔径分布

井的风险评估，主要采用井泄漏量大小来评估油气井泄漏的安全后果。为了便于计算井泄漏量的大小，将各井屏障部件可能出现的泄漏尺寸分成 4 个等级，并对每个尺寸等级设定了一个典型泄漏尺寸。具体 4 个等级的泄漏尺寸及典型孔径见附表 B−6：

附表 B−6　泄漏尺寸等级

泄漏等级	泄漏尺寸面积	典型孔径面积
1	<$0.5cm^2$	$0.5cm^2$
2	$0.5 \sim 5cm^2$	$5cm^2$
3	$5 \sim 15cm^2$	$15cm^2$
4	>$15cm^2$	$50cm^2$

进行分析时，对于每个井屏障部件的泄漏都会考虑这四个等级孔径的泄漏。在故障树分析（FTA）中，每种孔径泄漏的可能性分别用 P_1，P_2，P_3 和 P_4 来表示。

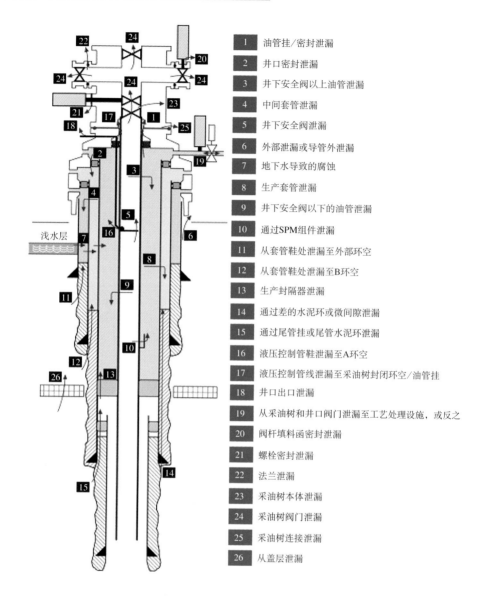

1	油管挂/密封泄漏
2	井口密封泄漏
3	井下安全阀以上油管泄漏
4	中间套管泄漏
5	井下安全阀泄漏
6	外部泄漏或导管外泄漏
7	地下水导致的腐蚀
8	生产套管泄漏
9	井下安全阀以下的油管泄漏
10	通过SPM组件泄漏
11	从套管鞋处泄漏至外部环空
12	从套管鞋处泄漏至B环空
13	生产封隔器泄漏
14	通过差的水泥环或微间隙泄漏
15	通过尾管挂或尾管水泥环泄漏
16	液压控制管鞋泄漏至A环空
17	液压控制管线泄漏至采油树封闭环空/油管挂
18	井口出口泄漏
19	从采油树和井口阀门泄漏至工艺处理设施，或反之
20	阀杆填料函密封泄漏
21	螺栓密封泄漏
22	法兰泄漏
23	采油树本体泄漏
24	采油树阀门泄漏
25	采油树连接泄漏
26	从盖层泄漏

附图 B-6　典型的井泄漏途径

B.4.2.2　屏障部件失效模式和泄漏孔径分析

屏障部件的失效模式是指设备失效的状态或形式，对于大多数典型的井屏障设备，OREDA、Well Master、OGP 及 SINTEF 都给出了相应的失效模式和失效频率。在进行屏障部件的失效模式分析时，还应考虑合理的可能的"失效模式"包括：

（1）同样运行环境下在同样或类似设备上已经发生的事件；

（2）在现有的维护体制下，正在被预防的失效事件；

（3）还没有发生、但是被怀疑极有可能发生的失效事件。

针对井屏障部件的不同失效模式，应判断其影响是否会造成井内泄漏（如井下安全阀的误关闭、不能按要求打开等与井外泄至环境的事件无关，而只影响井的正常生产，因此将不在故障树中考虑）。对于会造成井泄漏的失效模式，应对其可能的泄漏孔径进行分析，主要考虑以下因素：

（1）设备厂家的资料和推荐；

（2）设备的结构尺寸；

（3）现场操作、维护维修的经验。

附表 B-7 给出了井下安全阀的失效模式和泄漏孔径分析的示例。

附表 B-7　井下安全阀的失效模式和失效频率

（来源于 **WellMaster** 数据库）

设备	功能和设备规格	失效模式	失效频率	泄漏孔径
井下安全阀	（1）井下安全阀安装在生产油管柱上，通过液压控制。当失去液压时，该阀将自动关闭。（2）非自平衡式 SP 安全阀，尺寸3.5in，内径2.77in。压力等级15000psi，温度等级 -4 ~ 204℃。控制管线1/4in，壁厚0.065in	不能按要求关闭（FTC）	9.06×10^{-3}	P4
		关闭时漏（LCP）	1.28×10^{-2}	P1
		误关闭（PCL）	1.91×10^{-3}	NA
		不能按要求打开（FTO）	8.38×10^{-4}	NA
		控制管线向井内泄漏（CLW）	1.91×10^{-3}	NA
		井向控制管线内泄漏（WCL）	1.91×10^{-3}	P1
		其他（OTH）	1.24×10^{-3}	P1

B.4.3　井屏障现状评估和失效频率修正

井屏障现状评估，主要目的是评估第一屏障和第二屏障部件目前的可靠性水平，用于修正泄漏频率的计算。屏障现状评估应审查和考虑以下方面：

（1）屏障部件的设计是否满足新的工况要求（如井内温度，

压力，流体组成发生变化，修井作业的载荷等）。

（2）屏障部件是否在建造时进行了验证，并满足要求（如水泥环胶结测试，水泥环长度等）。

（3）屏障部件是否进行了定期测试（如井下安全阀，采油树阀门等）。

（4）环空带压的分析。

根据井屏障部件的现状评估，将其划分为 4 种状态，并对其可靠性数据进行相应的修正（附表 B-8）。

附表 B-8　屏障状态分类

屏障状态	定义	备注	失效频率
完好	屏障部件按要求进行了设计，建造，验证和监控，不存在任何问题	没有任何问题或微小问题	取通用失效频率
未验证	井屏障部件在建井阶段没有进行验证或在运行阶段没有定期测试	如：套管未试压；尾管挂未验串；井下安全阀没有定期测试等	取通用失效频率的 10 倍
退化	井屏障部件发生了泄漏，但是并未完全失效	如：环空持续带压，但是通过 1/2in 针型阀在 24 小时内能泄放至常压；DHSV 泄漏量超过 API 14B 的规定，但是泄漏尺寸小于 1/2in 孔径	取通用失效频率的 10 倍
失效	井屏障部件低于设计要求，或泄漏超过了可接受准则，或完全失效	如：屏障部件的设计不符合现有的工况；泄漏量大于 1/2in 孔径的泄漏量	失效频率为 1

B.4.4　FTA 模型和泄漏频率计算

采用故障树分析（FTA）来计算出井泄漏的可能性。

故障树分析，简称 FTA（Fault Tree Analysis），是一种评价复杂系统可靠性与安全性的重要方法。故障树分析法（FTA）把最不希望发生的故障状态或事件作为故障分析的目标，再通过对可能造成故障或事件的各种因素进行分析，画出逻辑框图（即故障树），从而确定造成故障或事件原因的各种组合方式及其发生概率，计算出故障或事件概率。

根据所识别的井内流体从油气藏泄漏至外部环境的主要泄

漏途径，建立井的故障树分析（FTA）模型。附图 B-7 的故障树模型列出了井泄漏的主要途径。

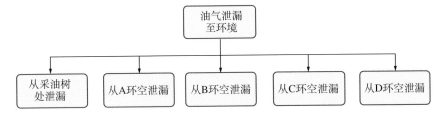

附图 B-7　故障树模型

某气井气体从采油树泄漏至环境故障树如附图 B-8 所示，从 A 环空至 D 环空泄漏至环境故障树如附图 B-9 至附图 B-12 所示。

故障树模型的顶上事件是油气泄漏至环境，基本事件是各个屏障部件。目的层或流动层油气突破相应的屏障部件后（即泄漏途径）泄漏至外部环境。通过故障树可以计算不同孔径外泄的可能性和总的泄漏可能性。

B.4.5　泄漏后果评估

油气泄漏至环境的后果评估，主要包括安全，环境，经济和公司声誉评估。针对于安全后果的评估，推荐采用泄漏速率作为后果等级的分类。如需要可以采用专业软件进行油气的泄漏、扩散、火灾爆炸模拟分析。

按照 NFPA（美国消防协会）对物质可燃性等级的划分，将泄漏介质划分为 3 个等级，具体详细说明见附表 B-9。

附表 B-9　泄漏介质分级

级别	典型介质	可燃性分类	可燃性描述
高可燃性	天然气	NFPA：4	能在常温常压下快速或完全气化，或在空气中易于扩散和燃烧
中可燃性	原油、凝析油	NFPA：3	液体或固体能在环境温度下被点燃
	柴油	NFPA：2	需要适当加热或暴露在相对较高的环境温度下才能被点燃
低可燃性	焦油	NFPA：1	需要加热后才能燃烧
	生产水（含油量很小）	NFPA：0	不可燃材料

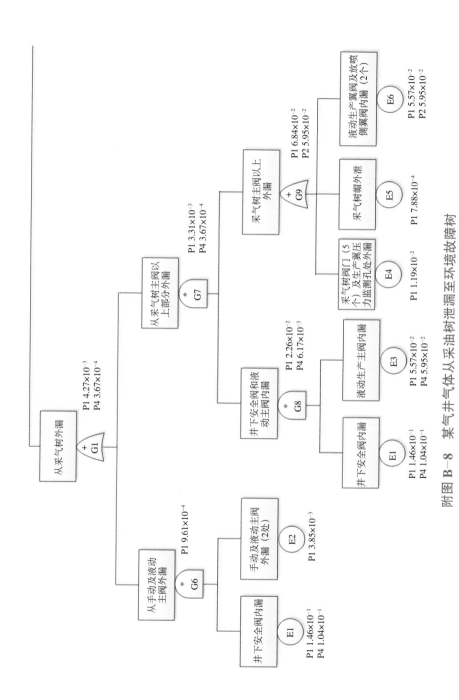

附图 B-8　某气井气体从采油树泄漏至环境故障树

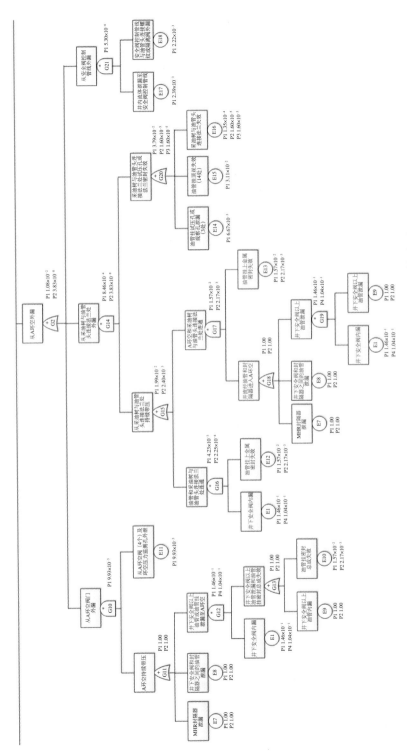

附图 B-9　某气井气体从 A 环空泄漏至环境故障树

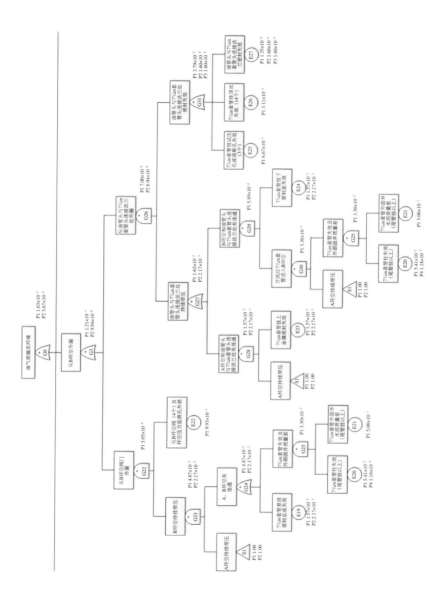

附图 B-10　某气井气体从 B 环空泄漏至环境故障树

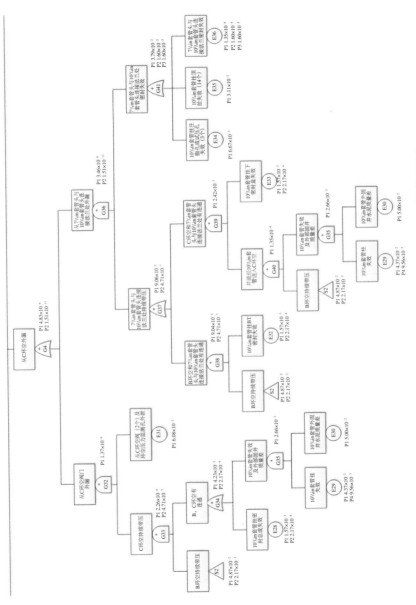

附图 B-11 某气井气体从 C 环空泄漏至环境故障树

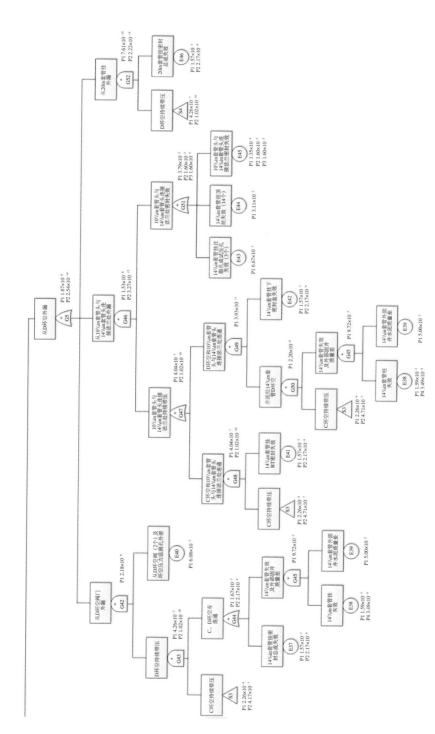

附图 B-12　某气井气体从 D 环空泄漏至环境故障树

根据不同的泄漏介质和泄漏速率确定不同的后果等级，详细说明见附表 B-10。

附表 B-10　安全后果分类

安全后果等级	安全后果描述
轻微（1）	(1) 高可燃介质泄漏 <0.01kg/s。 (2) 中可燃介质泄漏 <0.1kg/s。 (3) 低可燃介质泄漏 <1kg/s
一般（2）	(1) 高可燃介质泄漏 0.01～0.1kg/s。 (2) 中可燃介质泄漏 0.1～1kg/s。 (3) 低可燃介质泄漏 1～10kg/s
中等（3）	(1) 高可燃介质泄漏 0.01～0.1kg/s。 (2) 中可燃介质泄漏 0.1～1kg/s。 (3) 低可燃介质泄漏 1～10kg/s
重大（4）	(1) 高可燃介质泄漏 1～10kg/s。 (2) 中可燃介质泄漏 10～100kg/s。 (3) 低可燃介质泄漏 100～1000kg/s
灾难（5）	(1) 高可燃介质泄漏 >10kg/s。 (2) 中可燃介质泄漏 >100kg/s。 (3) 低可燃介质泄漏 >1000kg/s

井内流体泄漏速率可采用 OLGA 软件或工艺流程模拟软件进行模拟计算，计算出不同孔径的泄漏速率和总的泄漏速率。

B.4.6　风险评价

针对失效可能性的计算，如有井屏障部件的现场使用经验或失效统计分析数据，应尽量使用现场经验数据，但应确保现场经验数据的代表性和有效性。

针对失效后果的评估，还应考虑井场所处的地理位置（如周边的环境特征，如村庄、公路、工厂、旅游名胜等），井的泄漏能力（如目的层的储量和流动能力），泄漏介质的性质（如油气比，可燃性，毒性，腐蚀性）等因素。如有必要也可使用 PHAST 软件或 ETA 技术进行后果的泄漏扩散和火灾爆炸模拟。

最后，根据风险矩阵确定出生产井的风险水平，并根据风险可接受准则，制定合适的决策和行动方案。

B.5 风险缓解措施和检验维护策略

B.5.1 风险缓解措施

对于高风险的持续环空带压井，应立即采取相应的风险缓解和修复措施。对于中风险的持续环空带压井，应综合考虑修复作业的风险和成本，选择具有成本效益的风险缓解和修复措施，如果由于修复作业风险或成本比井的现状风险还要高，则可暂时不采取措施，继续监控生产。

一般需要对井内泄漏通道进行定位，然后再决定采取何种修复措施。在选择适用的泄漏点定位方法时，应考虑所使用工具的操作条件和井下工况的限制，尤其是高温高压井。常见的泄漏点查找方法如下：

（1）机械式井径仪（Mechanical Calipers），其在测量油管内径上可靠性较高，但不能测量壁厚。

（2）超声探测仪（Ultrasonic Tools），需要在油管内充满液体，并且测量精度受管内外表面粗糙度以及表面对声束的垂直度的影响。

（3）电磁探测仪（Electromagnetic Tools），直流漏磁测量工具对小的缺陷精确度较高，而交流电磁场测量工具对大的缺陷较敏感。

（4）井口和油管试压（Wellhead and Tubing Pressure Testing），通过对井口及其密封进行试压来确认井口是否泄漏，通过在油管内不同位置处下入桥塞后泄放油管上部压力来查找油管泄漏点。

（5）马尾巴测量（Pony Tail），使用钢丝绳在井内下入一段散开的尼龙绳，钢丝绳上带剪切工具，此方法对中等泄漏的查找较有效。

（6）温度测井（Temperature Logging），通过下入温度检测设备，如分布式温度传感器（DTS），检测由于井内泄漏产生摩擦，导致的温度梯度变化。

（7）噪音测井（Noise Logging），通过测量泄漏噪音产生的毫伏值，来定位泄漏和估算泄漏率，该方法对气井较为有效。

（8）井下摄像（Downhole Cameras），在油管内放置较深的桥塞，下入摄像仪后，环空泵入流体，观察泄漏点。

常规的持续环空带压修复方法包括动管柱和不动管柱两类方法。动管柱的修复方法需要安装修井机将管柱提出，然后进行修复作业。该方法费用高，作业风险大，但是修复较彻底。不动管柱修复方法，主要是通过油管或环空进行修复作业，作业有一定的局限性，但是费用较低。修复方法的选择应充分考虑方法适用性，作业风险，成本等因素。以下为常见的持续环空带压修复方法：

（1）环空替液（Lube and Bleed），通过多次泄放环空低密油气，泵入高密流体，来重新建立液柱静压。该方法作业周期长，且可能由于多次泵入作业导致环空压力激动。

（2）套管环空修复系统（Casing annulus remediation system，CARS），该方法与环空替液方法类似，但通过环空中下入柔性管来替液。该方法受限于柔性管下入深度，目前实际的修复案例下入深度约100m。

（3）挤水泥（Squeeze Cementing），对固井质量较差段进行挤水泥作业。

（4）套管补贴（Internal casing patch），对破损的套管进行补贴作业。

（5）压力激活型密封剂（Pressure Activated Sealant），泵入密封剂至泄漏通道，通过差压激活密封剂聚合密封泄漏通道。

（6）起出管柱更换失效部件或井下工具（Change the tubing or downhole tool）。

以上泄漏通道查找和修复的方法并不全面。作业者应根据实际带压井的井况，风险评估结果，并咨询专业修井服务商，来确定适合的方案。

B.5.2 检验维护策略

生产井的屏障部件需要定期维护测试和监控，以维持井的完整性。因此要重点明确需要定期测试的屏障部件，测试周期，测试内容，和可接受准则。

建议按照油田公司的井完整性管理程序，结合 NORSOK D010 标准和相关行业标准的要求，确定需要定期测试的井屏障部件、测试内容和测试周期。屏障部件的测试周期，也可采用基于风险的方法，对于中高风险的井应严格按照标准推荐的周期进行测试，对于低风险的井可以适当延长测试周期。

应参考行业标准和厂家设备技术规范制定屏障部件的测试可接受准则，作为评判测试合格的依据。附表 B-11 为屏障部件测试要求的示例。

附表 B-11 井下安全阀的测试要求（示例）

设备	测试内容	测试要求	测试周期	可接受准则
井下安全阀	压力测试	测试差压 7MPa，时间 30 分钟	1 年	泄漏量不超过 API RP 14B 的要求
	功能测试	开关测试	1 年	响应关闭时间不超过 30 秒

B.6 风险评估管理

风险评估是一个不断循环改进的过程，包括基于风险制定井完整性活动规划，实施井的检验维护和监控，基于检验维护结果开展适用性/状态评估，确定和执行维修缓解措施，重新进行风险评估和更新完整性计划，如附图 B-13 所示。

井的运营者应确保井在生命周期内各阶段风险管理的持续性、一致性和可追溯性。至少应考虑如下要求：

（1）建立相应的信息管理系统，对井完整性相关的信息有明确的移交和管理要求；

（2）制定井屏障部件的测试维护规程和一致的记录要求；

（3）制定井的操作限制，对井完整性偏差和隐患进行管理

（如制定环空管理程序）；

（4）结合维护维修数据，定期开展风险评估更新。

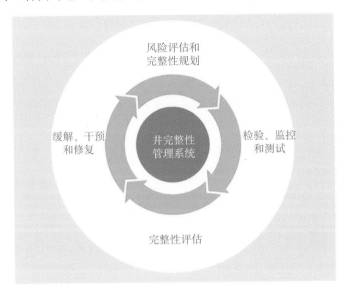

附图 B—13　风险评估管理流程

附录 C

国外典型井失效模式及响应时间实例

通过分析井潜在的失效模式，在此基础上确定各失效模式的响应时间，保证井完整性相关技术和管理人员明确井潜在失效形式，并保证失效评估过程及失效的应对措施实施有足够的响应时间。

井失效模型通常采用矩阵来描述见附表 C-1，确定各种常见的井失效模式相应的应对措施和响应时间，通过对设备、零配件、资源和合同进行有效管理，以满足井失效模型中规定的响应时间要求。井失效模型构建通常包括以下步骤：

（1）确定典型的失效模式，对地面失效和井下失效的情况都要考虑到。此类失效模式可以用列表格式或图解形式制作成文件。

（2）完成失效模式列表后，根据每一种确定的失效模式所需的资源和责任划分，对于同时发生的多个失效情况，考虑增加其响应时间，因为两种失效同时发生的组合后果，通常要比分别发生两次失效的后果要严重得多。

（3）要为每个应对措施分配对失效作出反应的风险评估时间。并应明确在此期间是否允许对井实施开井、关井或暂停作业。

附表 C-1 井失效模型矩阵实例

失效部件 / 井型		海上高压井	水下自喷井	陆上高压井	水下压力平衡井	陆上中压井	海上低压井	压力平衡井	观察井
井完整性井失效模式 / 应对措施									
可用于采取应对措施的时间	流体接触部件失效实例　单个失效　响应频率（时间：月）								
	采油树主闸门	1	3	3	3	3	3	6	12
	流量阀	3	3	6	6	6	6	12	24
	井下安全阀	1	3	3	3	3	3	无	无
	生产封隔器	6	6	12	12	12	12	无	无
	气举阀	3	3	6	6	6	6	12	24
	油管	6	6	12	12	12	12	24	48
	流体部件失效实例　多个失效　响应频率（时间：月）								
	采油树主闸门 + 井下安全阀	0	0	1	2	2	3	无	无
	采油树流翼阀 + 主阀门	1	0	2	3	3	4	6	12
	流体不直接接触部件失效实例　多个失效　响应频率（时间：月）								
	环空侧面出口阀门	3	3	6	6	6	9	12	12
	环空与环空之间泄漏	6	6	6	6	12	12	12	12
	稳定的环空压力	1	1	1	1	1	1	2	2
	流体不直接接触部件失效实例　多个失效　响应频率（时间：月）								
	稳定的套管压力 + 环空阀门	1	1	1	1	2	2	3	3
	环空泄漏 + 稳定的环空压力	1	1	1	2	2	2	6	6
	流体接触和不直接接触部件综合失效　响应频率（时间：月）								
	生产油管 + 套管泄漏	1	1	1	1	2	4	6	6
	主阀门 + 环空阀门	2	2	2	2	3	6	9	9
	稳定的技术套管环空压力 + 油管泄漏	1	1	2	2	3	3	6	6

附录 D
塔里木油田新技术评估与确认方法

高温高压及高含硫井在建井和生产管理过程中通常需要大量应用新技术、新工具来满足勘探开发要求，高温高压及高含硫井具有井况恶劣、工况复杂和腐蚀环境苛刻等特点，给新技术、新工具的应用带来了巨大的挑战。

借鉴国外新技术评估与确认方法，制定塔里木油田新技术评估和确认方法，对新技术应用的风险进行系统的评估，减少作业风险，新技术评估和确认通常包括风险评估、验证与确认、性能评估等内容。

D.1 新技术评估方法和原则

D.1.1 新技术评估基本原则

新技术评估是一套系统性的评估方法，它明确了技术的功能性规范要求与失效机理的关系，并且全面涵盖。关于新技术评估的一些基本原则如下：

（1）在新技术评估程序中需建立针对每个功能和性能要求的可接受准则，该准则需要新技术全生命周期过程与其他技术或系统的整合。同时该接受准则需要符合相关法规、技术文件和 HSE 的要求。

（2）该技术应能筛选出不确定性最大的技术元素。这些不确定性与其技术本身、预计用途或者预定的操作环境有关。评估的重点应当在这些新技术元素上。

（3）应当识别技术中可能的失效模式。他们的关键程度应取决于他们的风险，尤其是对整个系统的风险。

（4）未识别的失效模式可能带来风险。应通过一些方法和措施来缓解它们的剩余风险，如确保使用相关能力的资源，在评估过程中对一般思维方法和关键性的假设进行质疑（如部件测试和原型试验），采纳一些创新的方法，并通过渐进式开发以及在低风险条件下进行应用等。

（5）技术中的非创新元素应当分别进行验证，当验证已经证明过的技术时，应当有一套适用程度相同的准则要求（如应用标准或其他规范）对其进行验证。

（6）在进行评估时，评估的各项参数要求应足以覆盖技术的不确定性，并使其满足功能规范要求（如可靠性、安全和性能）。如果技术的不确定性越大，则为达到要求而付出的努力也越大，余量也需更大。更高水平的技术优化，则需要付出更多的努力来将不确定性降低至可接受水平。

（7）如果实际做法与可用的准则要求（如应用标准）有偏离，则应在评估过程中考虑对系统、设备或部件在制造、装配、安装、启动、试车、检测、修理和退役时的 QA/QC 要求。

（8）应清楚地定义，量化并记录相关规范和要求。

（9）应根据认可的方法和标准，或综合考虑数据、操作、分析和测试等各方面的不确定性，来确定技术性能范围。

（10）相应的评估活动（分析，测试，先前经验的记录等）应针对预计使用条件范围内的失效模式来进行。

（11）应对提供的证据和有关的不确定性进行记录和跟踪，并确定其安全和性能余量。

（12）应有实验证据来对模型预测进行验证。

（13）当采用服役经验来作为证据时，它应当是有记录的，并是可用的。这些服役经验应与要求的操作条件、环境条件类似，且有助于对技术关键失效模式的分析。

（14）用于分析的材料、功能参数和限制条件应该基于测试数据和认可的文献资料，或者由专家根据此类数据进行的判断来决定。

（15）当不确定性关键参数会影响其失效模式，进而影响其寿命或环境时，那么对于这些参数的影响应以试验证据为基础，不能仅仅做定性判断。

（16）应对评估结论进行记录，记录内容应包括任何关于制造、装配、安装和技术操作方面的要求。

上述的新技术评估原则也相当于新技术评估中应考虑的一些注意事项或重要条件，在后续新技术评估活动中应尽量遵守。

D.1.2　新技术评估流程

新技术评估是一套系统的结构化流程，它包括了以下主要步骤：评估基础，危害识别和风险评估，测试验证计划，测试计划执行和性能评估。新技术评估流程中每一步都应该进行详细地记录，以保证数据和结论的可追溯性。

新技术评估全流程可按以下步骤进行：

（1）新技术评估基础：建立评估的基础，来识别其技术、功能、使用目的以及技术预期和评估目标。

（2）技术评估：通过对技术新颖度的分类来对技术进行评估，以便将评估重点放在不确定性最大的地方，并识别关键挑战和不确定性。

（3）风险评估：评估危害并识别失效模式和风险。

（4）验证与确认（包括验证测试计划制定及执行）：制定一套评估验证活动的计划，来降低所识别的风险。并通过执行新技术评估计划中的活动来验证。例如可通过实验、数值分析和测试等数据进一步验证风险。

（5）性能评估：使用上一步所搜集到的证据来分析是否符合新技术评估基础的要求。

推荐使用的新技术评估流程如附图 D-1 所示。

新技术评估流程中每一步都应该进行详细地记录，并保证数据和结论的可追溯性。数据记录的详细程度随着评估程序的进行而增加。

步骤间的反馈循环显示整个流程的迭代特性。其中对于设计的修改措施可以用来提升技术的安全、性能、寿命、成本和易于制造或操作等，也可以对规范要求进行修改。

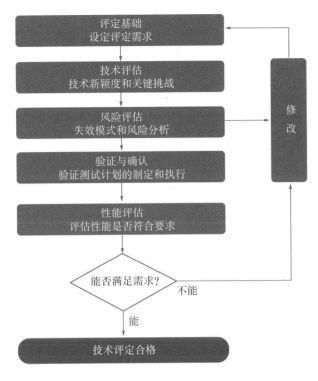

附图 D-1 新技术评估流程图

D.1.3 新技术评估执行策略

新技术评估的执行与项目类型和项目阶段有关，不同的项目类型和不同阶段与其新技术评估执行的策略不一样。

D.1.3.1 项目规划阶段的新技术评估

通常新技术评估过程融合在项目开发过程。早期识别项目中所需的新技术以及是否有备选的成熟技术至关重要。通常对于使用新技术的项目，有两种情况：

（1）使用新技术改进项目，传统技术或验证的技术可以作为预备方案。

（2）完全依赖于新技术的项目，没有其他备选的传统技术或验证技术可使用。

上述两种情况的项目，其新技术评估的原则和要求基本一致。但是对于建立新技术评估程序和最终完成评估的时间节点要求不同。

对于情况1（附图D-2），新技术评估程序应在可行性批准前（决策1）制定初稿，至少在概念设计阶段（决策2）前制定完善的程序。由于存在传统/验证技术作为备用方案，因此新技术评估活动无需在详细设计（决策3）前全部完成。

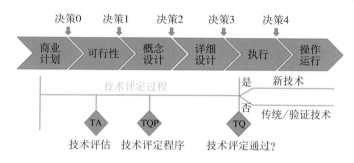

附图 D-2　新技术评估原则（有备选传统/验证技术方法）

对于情况2（附图D-3），项目的关键路径包含了该新技术，因此新技术的成败影响项目的进度和成败。由于没有备选方案，因此详细的新技术评估程序应在可行性批准前（决策1）完成，新技术评估活动需在详细设计（决策3）前全部完成。

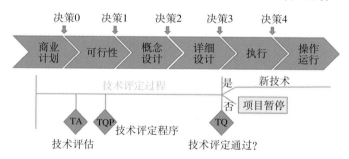

附图 D-3　新技术评估原则（无备选传统/验证技术方法）

D.1.3.2　项目执行阶段的新技术评估

在实际的项目过程中，可能在项目的执行阶段引入新技术。在此阶段，应尽量识别是否有传统/验证技术可以作为备选方法，应尽早充分识别和评估新技术评估失败对项目的影响。该阶段的新技术评估流程和原则与项目规划阶段的相同。

D.1.3.3　项目改造阶段的新技术评估

改造项目中可能识别出应用新技术提高项目绩效的潜在可能性，通常在改造项目中有传统的/验证技术可作为备选方案。该阶段的新技术评估原则和流程与项目规划阶段相似。

D.1.3.4　新技术开发的新技术评估

技术开发和评估是一个渐进的过程，从一个概念产生到最后完成新技术评估准备投用结束。当该技术达到一定成熟度水平时，将从技术开发阶段传递至新技术评估阶段。一般推荐在技术成熟度达到 TRL3（技术可行性）时，可由技术开发负责人将技术移交至相关技术部门/总工程师，开展后续的新技术评估工作。

技术开发过程中的新技术评估通常不是最终的新技术评估。该新技术的第一个用户（如示范性项目）将负责审查所有的新技术评估活动和结果，并且补充需要的额外评估活动。这些额外的新技术评估活动包含在了项目过程中的新技术评估程序中。如果引入技术成熟度进行评估，那么评估程序的活动和步骤应可按以下流程来提高设备的 TRL 等级，如附图 D-4 所示。

附图 D-4　TRL 等级转换流程

应提供相关证据并对证据进行验证，以表明要求的 TRL 已经达到。证据可以是各种方式，包括物理测试、分析、模拟、历史数据和专家判断。如果新技术评估基础中已对可靠性目标和要求进行说明，TRL 的验证通过可表示设备的可靠性目标和要求已经达到。

对每个项目的新技术评估目标，要求及评估程度都不一样，它取决于项目的性质、所采用的技术及项目本身的技术风险。

新技术开发项目应从初始的 TRL 等级评估至所要求的

TRL 等级。初始的 TRL 等级可能为 0，通常情况下，需求的 TRL 等级最高可达到 4，但也有些技术开发项目中要求达到 6。对于已达到 TRL 3 和 TRL 4 的技术，要求有完善的开发程序，并要求达到较高的可靠性。

对油田开发项目，应通过评估活动使其达到特定的 TRL 等级，如附图 D-5 所示：

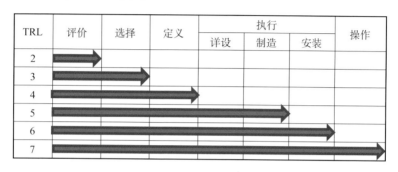

TRL	评价	选择	定义	执行			操作
				详设	制造	安装	
2							
3							
4							
5							
6							
7							

附图 D-5　重要项目不同阶段应完成的 TRL 评估

如果在项目最终阶段，设备或技术还没达到所需要的 TRL，则该项目不能通过此阶段进入下一阶段，除非：

（1）有足够的剩余时间和充分的资源来应用证明该技术。

（2）由于缺少评估导致的技术风险可以被项目负责人理解和接受。

（3）评估计划和日程安排已经被批准。

D.2　新技术评估基础

新技术评估基础主要是提供一套针对于所有评估活动和决策的通用准则。

新技术评估基础是对该技术的描述，它提供了评估活动所需满足的一些最基本的要求，包括初步的技术性能描述，安装和使用描述，该步骤应定义技术是如何使用的，预计使用的环境，规定的功能需求，可接受准则和性能预期。这包括整个技术生命周期的性能要求，该评估基础应在整个评估过程中不断完善。

D.2.1　技术描述

应通过文字、计算数据、图纸和其他相关资料来对技术进行清楚、完整的描述。在技术描述中，对功能描述和技术限制进行详细说明，并对相关边界进行清晰的定义，这些非常重要。这些说明应识别新技术预计生命周期的所有阶段和关键参数。主要包括，但不限于以下几方面：

(1) 一般系统描述。

(2) 一般功能和性能描述。

(3) 系统功能和操作限制条件。

(4) 用于评估活动的相关标准和行业做法。

(5) 与其他机械设备和系统的边界描述。

(6) 运输、安装、调试、操作等的主要原则和要求等。

(7) 维护和操作策略。

(8) 边界条件，包括与其他系统的界面要求，环境，环境载荷和功能载荷等。

(9) 特殊的安装工具、材料等。

(10) 现有的可以对评估进行支持的相关证据。

D.2.2　性能描述

性能标准可按照以下的特性进行描述：

(1) 功能性，设备需要达到什么？

(2) 可靠性，成功执行功能的频率？

(3) 可用性，在需求情况下能操作的频率？

(4) 生存性，操作所需的环境条件，如是否暴露在火灾、爆炸、震动、落物、不利天气等？

技术的性能描述应尽量作到量化和完整。相关的一些量化指标如下：

(1) 可靠性，可用性及可维护性目标。

(2) 安全，健康及环境（SHE）要求。

(3) 功能要求和主要可量化的参数等。

技术的可靠性要求可用多种形式来表达，如平均无故障时间（MTTF），失效可能性，失效可靠性等级等。对于中/高风险失效模式的可靠性要求应有量化要求说明。

建议使用附表 D-1 做模板用来识别设备的主要功能、性能标准及可接受准则。

附表 D-1　设备性能描述举例

功能（以井下安全阀为例）		
NO	性能标准	可接受准则
F-1	井下安全阀能够承受的操作、环境、载荷	设计安全系数符合 ISO 标准
F-2	开关	可承受高气速下的开关标准，符合 ISO 10417
F-3	实现密封	
F-4		
可靠性/可用性		
A-1	一定气速、含砂量等环境下的寿命 xx 年，产层环境下的耐腐蚀能力等	同设计基础
生存性		
S-1	如有	

D.3　技术评估

技术评估的目的是决定哪些部件需要新技术评估，并识别其关键挑战和不确定性。

新技术评估基础是技术评估的输入，输出是新技术元素的列表和主要的挑战以及所有的不确定性。技术评估主要分以下几步：

（1）技术组成分析（技术分解）。

（2）技术元素的新颖度评估（技术分级）。

（3）识别出主要的挑战和不确定性。

D.3.1　技术分解

为了对技术中的新技术元素有充分地了解，应对技术的组成进行分析。技术组成分析是一种自上而下的评估方法，它从系统层面的功能和程序开始，将技术划分成不同的技术元素，包括系统之间的界面。技术组成分析可从以下方面进行考虑：

（1）主要功能和次要功能。

（2）设备或硬件的系统组成。

（3）工艺流程的顺序或操作。

（4）项目执行的各个阶段，根据制造，安装和操作等阶段的程序来考虑。

技术组成分析考虑范围应包括硬件和软件，且涵盖系统，设备或部件的全生命周期的每个阶段。可通过总体分析来确定所有相关的功能。

对于使用了新技术或者部分改造的设备通常按照其硬件系统的组成进行技术分解，推荐使用 ISO 14224 标准中的模式进行设备部件的拆解，将设备分解为设备/子系统/部件三个层次，然后进行分析。

D.3.2 技术分级

根据技术组成分析，可以结合不同的情况，使用以下的方法进行技术分级，为新技术评估活动提供基础。技术分级用到最多的就是技术成熟度，有的情况下可考虑引入操作成熟度，进行整合后形成整合成熟度使用。

D.3.2.1 技术成熟度

一项新技术或进行新应用的技术需要明确该技术可以使用到项目的准备程度，也就是技术成熟度（TRL），它可以应用至所有系统，子系统，部件和程序。

指南中 TRL 的分级使用 API RP 17N 中的分级，共分成八个 TRL 级别，分别为从 0 ~ 7，见附表 D-2。

设备的技术成熟度可通过以下方式来确定：

（1）根据以往项目经验讨论确定。

（2）通过对现有合适的现场应用数据进行评估，从而确定相应的技术成熟度。

附表 D-2　技术成熟度（TRL）的分级描述

	TRL	开发阶段	开发阶段定义
概念	0	未被验证的概念（基本研发，理论概念）	观察或报告的基础科学／工程原理，书面的概念，没有相应的分析和测试，没有设计历史
概念证明	1	验证的概念（基于研发经验和书面研究验证）	（1）技术概念和预想的应用场景。（2）通过分析或参考与现有技术的共同特征验证其概念和功能可行性。（3）没有设计历史，本质上停留在书面上的概念，没有相应的物理模型测试，但是可能包含了一些研发经验
	2	确认的概念（使用物理模型测试得到的经验证据）	通过物理模型验证的概念设计或设计中的新颖部分，在实验室环境下对模拟的系统或虚拟的系统开展了功能测试，没有设计历史，没有环境测试，在样机制造之前对关键部件或部件开展了材料测试和可靠性测试
样机测试	3	样机测试（测试了系统功能，性能和可靠性）	（1）制造了样机，并且进行了功能和性能测试，开展了可靠性测试包括可靠性增长测试、加速寿命试验。测试程序经严格设计，并在相关的实验室实施。设备单独进行测试，并未整合入系统测试。（2）对应用要求的符合性进行了评估，验证了新技术的优势和风险
	4	环境测试（试生产系统环境测试）	（1）符合TRL3的所有要求。（2）按产品（或全尺寸样机）设计和制造，并且用于新技术评估程序。在设备不安装进系统或不运行的情况下，在模拟的环境中（如高压仓试验）或真实的环境中（如海底环境）开展新技术评估活动。可靠性测试时限定于证明样机在计划的操作条件和外部环境下符合可接受准则
	5	系统测试（生产系统界面测试）	（1）符合TRL4的所有要求。（2）按产品（或全尺寸样机）设计和制造，并且整合进相应的操作系统。对所有的界面和功能开展测试，但是测试不在使用现场实施
现场验证	6	系统安装（生产系统安装和测试）	（1）符合TRL5的所有要求。（2）产品（或全尺寸样机）制造并整合进相应的操作系统。（3）对所有的界面和功能在实际的（非常接近的模拟）环境中开展测试。设备运行时间小于3年。对于TRL6的新技术可能在现场应用的最初12～18个月需要额外的技术支持
	7	现场验证（生产系统现场使用经验）	生产单元整合进预定的操作系统，安装和操作运行大于3年。现场应用检验显示其可靠性水平可接受，设备投入初期的失效率及风险较低

　　如果设备初始的 TRL 等级比要求的 TRL 等级要低，那么就应通过一定的评估流程来提升其 TRL 等级。在新技术评估

中，用初始的 TRL 和需要达到的 TRL 来确定评估需要努力的方向。对于一个有特定 TRL 的部件，该部件应当完成所有该 TRL 所定义的测试和表明 TRL 状态的活动。如果之前认为可以使用的设备进行新的应用或应用至新环境中或设备部件发生了改变，都需要有额外的证据来证明其成熟度。

D.3.2.2　操作成熟度

所有在系统分解中识别的技术部件均应给出其在目标操作环境下的操作成熟度水平。操作成熟度分为三类，即"成熟应用环境"，"有限应用经验"和"全新环境"。一个技术部件可能有很高的技术成熟度（TRL），但是针对目标应用环境还是属于全新的应用或仅有有限的应用经验。

D.3.2.3　整合成熟度

单个成熟的技术部件整合入系统，也可能带来相应的技术挑战。因此需要对每个技术部件审核其整合的新颖程度，该审核的目的是确定系统内要素是否有整合的经验以及整合后的性能和问题。因而有时可以引入整合成熟度的概念。

整合成熟度（IML）用于表征 2 个或多个系统、设备或部件之间整合的成熟水平。附表 4-3 给出了整合成熟度定义。

附表 D-3　整合成熟度（IML）

IML	定　义
1	技术之间的界面（如物理连接）以及界面关系的详细特征被识别出来
2	存在通过界面影响技术的因素
3	技术之间有兼容性（如相同的语言），有利于有序和有效的整合和交互
4	针对技术整合的质量保证有详细的方案
5	针对技术整合的建立，管理和终止有足够的控制措施
6	整合的技术可接受，可应用，信息可结构化至其规定的应用场景
7	技术的整合得到了详细的验证和确定，制定了下一步的行动计划
8	完成了实际的整合，整合后的系统在系统环境下通过测试得到验证
9	通过以往的系统成功运行经验，该整合是成熟的

对于一个包含部件 A/B/C 的子系统 X，如果其部件具有相同的 IML，则子系统 X 的 TRL 为其所包含的部件 A/B/C 中最小的 TRL 值。对于一个包含部件 E/F/G 的子系统 Y，如果其部件具有不同的 IML，则子系统 Y 的 TRL 需要进行调整，调整后的 TRL 等于其包含的每个部件的 TRL 和 IML 乘积中的最小值，再除以最大的 IML 值。附图 4-6 给出了上述两种情况的示意。

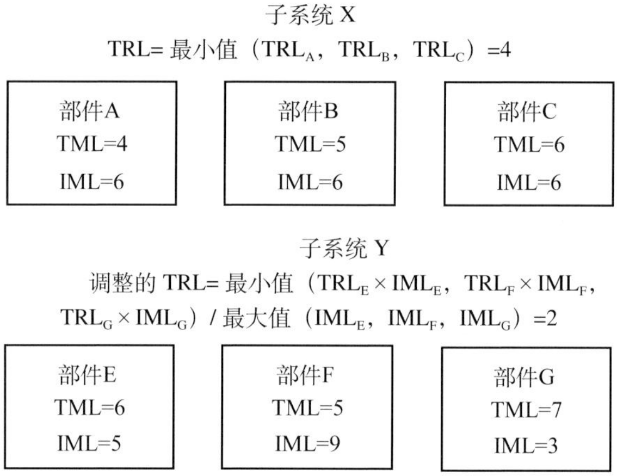

子系统 X
TRL= 最小值（TRL_A, TRL_B, TRL_C）=4

部件A TML=4 IML=6	部件B TML=5 IML=6	部件C TML=6 IML=6

子系统 Y
调整的 TRL= 最小值（$TRL_E \times IML_E$, $TRL_F \times IML_F$, $TRL_G \times IML_G$）/ 最大值（IML_E, IML_F, IML_G）=2

部件E TML=6 IML=5	部件F TML=5 IML=9	部件G TML=7 IML=3

附图 D-6　经过 IML 调整的 TRL

根据以上所述得到整合成熟度可进行技术分级。

D.3.2.4　技术分级

新技术通常是现有经过证明的技术发生了改变，通常来说只有其中一些技术元素是新的。而不确定性因素主要就是和这些新技术元素有关。为了将关注重点集中于这些不确定性最大的新技术元素，应对技术元素进行新颖度分级，也就是技术分级。可按照附表 D-4 从技术本身和应用环境两个方面，对技术新颖度进行分级。

附表 D-4　技术分级

应用领域	技术成熟度		
	验证的技术	有限的现场应用经验	全新或未被验证的技术
油田内（区块）常见应用	1	2	3
油田（区块）内新应用	2	3	4

不同的技术等级对应了不同的风险和新技术评估的工作量，级别1为成熟技术，不存在新技术不确定性，不需要进行新技术评估。此类技术的验证，测试，计算和分析可通过现有已证实的方法来提供其要求的验证证据。在技术评估中，对于每个成熟技术所应用的行业做法，标准或说明都应记录下来，并遵照执行。需注意的是，对于级别1的成熟技术或部件也不得忽视，因为它有可能会影响到技术的整体性能。因此，对于此类成熟要素，应通过恰当的设计流程来处理，以确保其符合标准或行业做法。

对于级别2到4的技术要素，由于其技术不确定性程度增加，因此需要根据评估流程开展进一步的新技术评估。附表D-5给出了技术分级的描述，以及针对后续新技术评估活动的需求。技术分级评估表参见附表D-6。

技术评估应为后续的新技术评估活动提供关键的充分的输入，如果在项目的后续阶段识别出新的概念，应及时更新技术评估内容。技术评估应考虑以下方面：

（1）按照附表D-4给出的所有使用的技术的列表或矩阵；

（2）针对每一个技术部件，技术评估需考虑的内容包括其设计、制造、安装、可操作性、流体介质、操作条件等。

由此可以看出，技术成熟度（TRL）也是技术新颖度评估的一种方法，它同DNV-RP-A203中进行技术评估时所采用的技术分级（Technology Categorization）一样，都可以对技术新颖度进行分级。技术成熟度（TRL）可以作为技术分级的一种补充方法。技术成熟度（TRL）表示了技术开发所处阶段，而技术分级则表示了该技术需要评估的程度。在进行技术要素的分级时，当其TRL小于4或技术分级为2时，都应开展进一步的新技术评估。

附表 D-5 技术评估分级和评估活动需求

分类	技术状态	描述	下一步行动
1（没有新技术不确定性）	验证技术	没有新的技术部件，熟知的应用环境。该技术在油公司中有至少三年的使用经验，并且现场应用中该技术能够满足所需的性能和可靠性要求	无需新技术评估，可以在油公司内部推广该技术
2（新技术不确定性）	（1）油公司新评估的技术	没有新的技术部件，熟知的应用环境。该技术按照油公司的应用环境进行了新技术评估。其他公司可能应用了该技术，但是油公司内部尚未实际使用	无需新技术评估，可以在油公司开展示范性应用推广
2（新技术不确定性）	（2）非油公司新评估的技术	对于油公司来说是新的应用环境，可能带来一些新的不确定性。其他公司熟知技术的应用环境，并且进行了新技术评估	如果确认达到可以进行实际应用，则无需进行新技术评估。该技术可以在油公司开展示范性应用推广
	（3）未被评估的新技术	由于技术部件有限的应用经验，或行业新的应用环境，带来了一些新的不确定性	需要开展新技术评估工作。能够通过技术评估的风险较小
3（新技术挑战）	未被评估的新技术	由于技术部件有限的应用经验，或行业新的应用环境，带来了显著的新的不确定性	需要开展新技术评估工作。能够通过新技术评估的风险中等
4（巨大的新技术挑战）	未被评估的新技术	由于技术部件有限的应用经验，以及行业新的应用环境，带来了巨大的新的不确定性	需要开展新技术评估工作。能够通过新技术评估的风险很高。新技术评估工作复杂，需要高度关注

附表 D-6 技术分级评估表

ID序号	子系统或部件	功能	新方面	应用			技术			技术分级	备注
				已知	有限的知识	新的	成熟的	有限的现场应用	全新或未被证明		
1											
2											
3											

D.3.3　识别主要挑战和不确定性

与新技术方面有关的主要挑战和不确定性应进行识别。识别挑战的各种分析均可借鉴使用，对于复杂系统，推荐采用 HAZID（危险源识别）和 HAZOP（危险与可操作性）分析来识别主要挑战和不确定性。

HAZID 一般应用于项目的早期阶段，如概念设计和前端设计。HAZID 用于识别设计、操作程序和方法的薄弱环节，并可对危害进行初步的风险筛选评估，形成项目风险注册表。

HAZOP 适用于分析操作程序，提高操作的安全性，减少因操作延迟的资源需求，使得操作人员熟悉操作程序。该分析使用一系列引导词，通过脑力风暴来进行分析。

推荐但不限于使用下面的危害因素列表，因为针对不同的系统有差异，需要不断完善该列表清单，并且该列表清单作为一个检查清单可以确保潜在的危害事件能被识别出来。相关的危害因素可以按照可能造成重大伤亡、财产损失或环境污染的事件类型进行分组，附表 D-7 列出了一些陆上的典型危害因素。

附表 D-7　通用危害因素列表

序号	危害因素	序号	危害因素
1	结构性失效	11	噪声
2	设备失效	12	电泄漏
3	高空落物	13	溢流
4	失去承压能力	14	井喷
5	井口落物	15	井漏
6	物体打击	16	浅层气
7	密封失效	17	井壁垮塌
8	火灾	18	井口塌陷
9	爆炸	19	烟雾
10	硫化氢中毒	20	职业意外事件

D.4 风险评估

危害评估的目的是在确定新技术要素的失效机理之后，识别出所有相关的失效模式，并对其进行风险评估。危害评估的结果通常作为后续验证测试活动的确定和优化的基础。

在对新技术要素的失效模式进行评估时，应记录下所有输入条件及评估结果，包括变更，假设前提，风险等级，技术分级，失效可能性及所参考的依据等。

D.4.1 风险矩阵及风险可接受准则

第一步应首先建立新技术危害评估所使用的风险矩阵和可接受准则，以确保分析的一致性，并为后续分析判断提供决策依据。推荐使用的失效可能性分类和失效后果分类见附表 D-8 和附表 D-9。

风险矩阵可以根据技术在行业中或项目中的影响所导致的不同的失效可能性与后果而调整，附表 D-10 是风险矩阵示例，也可以根据具体的情况进行简化。

附表 D-8 失效可能性分类

失效可能性	说　明
非常低（F1）	(1) 年度发生概率（$<10^{-4}$） (2) 不大可能发生
低（F2）	(1) 年度发生概率（$10^{-4} \sim 10^{-3}$） (2) 预计在行业内可能会发生
中等（F3）	(1) 年度发生概率（$10^{-3} \sim 10^{-2}$） (2) 预计在总公司范围可能会发生
高（F4）	(1) 年度发生概率（$10^{-2} \sim 10^{-1}$） (2) 预计在地区分公司范围可能发生
非常高（F5）	(1) 年度发生概率（$>10^{-1}$） (2) 预计在井的生命周期内会发生

附表 D-9　失效后果分类

失效后果	安全	经济	环境	公司声誉
轻微（C1）	无安全影响	轻微损失<1 万人民币	危险物质少量泄漏，不影响现场以外区域，可很快清除	轻微影响：没有公众反应；或者公众对事件有反应，但是没有公众表示关注
一般（C2）	人员轻伤，需要急救处理	损失较小（1～10）万人民币	现场受控制的泄漏，没有长期损害	有限影响：一些当地公众表示关注，受到一些指责；一些当地媒体有报道
中等（C3）	人员重伤或 1 人永久伤残	中等损失（10～100）万人民币	应报告的最低量的失控性泄漏，对现场有长期影响，对现场以外区域无长期影响	很大影响：引起整个区域公众的关注，大量的指责，当地媒体有大量负面报道；国家媒体或当地 / 国家政策的可能限制措施或许可证影响
重大（C4）	死亡 1～3 人或多人永久伤残	损失较大（100～1000）万人民币	大量油气或危险物质泄漏，对现场以外某些区域有长期伤害	国内影响：引起国内公众的反应，持续不断的指责，国家级媒体的大量负面报道；地区 / 国家政策的可能限制措施或许可证影响；引发群众集会
灾难（C5）	死亡 3 人以上	损失严重>1000 万人民币	灾难性油气或危险物质泄漏，现场以外地方长期影响，生态系统严重受损	国际影响：引起国际影响和国际关注；国际媒体大量负面报道或国际政策上的关注；受到群众的压力，可能对进入新的地区得到许可证或税务上有不利影响；对承包方或业主在其他国家的经营会产生不利影响

附表 D-10　风险矩阵（L＝低风险，M＝中风险，H＝高风险）

失效后果	失效可能性				
	非常低	低	中等	高	非常高
灾难	M	M	H	H	H
重大	L	M	M	H	H
中等	L	L	M	M	H
一般	L	L	L	M	M
轻微	L	L	L	L	M

D.4.2 风险评估方法

使用风险评估方法的目的通过使用一种系统性的分析方法来确定技术中出现的所有的可能失效模式及其相关失效机理。

对于危害评估一般可采用 FMECA，HAZOP，FTA，SWIFT（故障假设），OPERA（操作问题分析），独立性审查等方法来进行。在选择适用的评估方法时，应考虑到技术或设备的复杂程度，新颖度及各种方法的优缺点等。附表 D-11 中列出了这几种方法的优缺点。附表 D-12 至附表 D-21 列出了10 种重要风险分析方法的相关信息，但是其他分析技术如果满足风险评估要求，也可以使用。

附表 D-11　危害评估方法及其优缺点

序号	评估方法	优点	缺点
1	失效模式，影响及关键性分析（FMECA/FMEA）	系统性方法，且使用简单	一次只能分析一种失效模式，不能分析组合失效
2	危险和可操作性分析（HAZOP）	系统性方法，可以识别超出设计意图或单个失误的操作而引起的潜在危害	（1）资源消耗大；需要详细的资料才能产生有用的结果；（2）需要有经验的引导分析主席
3	事故树分析（FTA）	对已发生事故进行详细调查	（1）不能用于识别新的可能事故。（2）故障树模型建立较耗时。（3）不能精确模拟系统中所有设备的失效
4	故障假设法（SWIFT）	当详细设计信息缺失时，仍能使用	（1）需要有经验的引导主席。（2）没有完善的检查表
5	操作问题分析（OPERA）	侧重于生产阶段	着重于技术问题和人员失效，不进行详细的原因分析
6	独立性审查	效率高，消耗资源少	难以像其他方法一样做到多学科协作和完善

附表 D-12   失效模式，影响和关键性分析（FMECA）

FMECA 分析
目的
（1）识别系统，设计或流程的所有可能的失效模式。 （2）识别失效模式所有的后果。 （3）对系统，设计或流程进行改进
应用时间
FMECA 分析方法功能较多，它可以在项目任何一个阶段执行。但是 FMECA 执行的质量非常关键。 （1）在确定具体硬件之前，应进行一次功能性 FMECA 分析，它评估的重点是硬件在系统运行时应该具有的功能。 （2）一旦确定好了硬件，应执行一次硬件 FMECA 分析，此时评估重点为系统或部件的具体细节。 （3）流程 FMECA 分析可对制造程序进行具体评估，流程 FMECA 主要针对流程中的硬件进行分析
流程概述
（1）定义要分析的系统，包括：功能/硬件的内部和接口，预期性能和定义的失效。 （2）建立一个框图来表示功能/硬件的相互关系。 （3）对于每个功能/硬件及其接口，识别所有潜在的失效模式及它们对功能/硬件和系统的直接影响。 （4）对于每个失效模式，根据最坏的后果场景，确定其后果严重性类别。 （5）对于每个失效模式，确定其发生的概率或关键性水平。 （6）将所有的失效模式分配至风险矩阵中。 （7）对于每个失效模式，识别其可探测方法和预防措施。 （8）识别消除或降低风险的纠正措施（设计或其他行动），并评估纠正措施的影响。 （9）批准并记录相应的纠正措施
数据要求
（1）全面的系统定义。 （2）失效后果输入。 （3）失效概率输入
优点
（1）适用于项目所有阶段。 （2）多样性——可应用到系统、部件或流程分析。 （3）能优化设计缺陷。 （4）系统识别所有失效模式
缺点
（1）不能识别失效模式的根本原因。 （2）费时

附表 D-13 故障树分析（FTA）

故障树分析（FTA）
目的
（1）将系统或成套设备的所有失效模式通过逻辑语言来表达。 （2）确定意外事件的技术原因。 （3）确定给定系统／成套设备／部件的最小割集。 （4）评估／预测系统可靠性
应用时间
（1）最好在前端设计（FEED）或详设阶段就建立故障树。 （2）故障树可以随着项目详设程度的增加而扩大。 （3）故障树分析可以作为 FMECA 分析一个辅助分析方法，例如识别系统中的失效模式和机理。 （4）故障树分析也可以用来帮助理解操作中所观察到的失效
流程概述
（1）定义分析范围。 （2）确定作为分析重点的顶上事件。 （3）识别导致顶上事件的所有直接，必要和充分的原因。 （4）采用逻辑门来表达所有原因和顶上事件之间的关系。 （5）将第三步中识别的直接原因作为次顶上事件，并识别次顶上事件的必要和充分原因。 （6）重复第三步和第四步直到识别所有基本单元／事件。 （7）对故障树的布尔约简进行逻辑分析，这是对复杂系统采用软件分析的最佳方法
数据需求
（1）建立故障树时需要对系统的逻辑结构有详细的了解。 （2）定量分析时需要相关的可靠性数据
优点
（1）有助于共因失效的分析。 （2）能够预测特定事件发生的可能性。 （3）有助于根本原因分析。 （4）结合事件树，可进行原因－后果分析。 （5）有助于重要性分析和蒙特卡罗模拟
缺点
（1）对于复杂系统的分析非常困难，需要手动调整。 （2）对连续事件不适用

附表 D-14 可靠性框图（RBD）

可靠性框图（RBD）
目的 （1）采用图形的方式来展现系统的可靠性逻辑。 （2）用简化视图来展现系统的容错性。 （3）预测系统可靠性
应用时间 （1）当系统布局确定好后，就可以建立一个高层次的可靠性方块图（RBD）。 （2）随着详设开发的进行，可以建立更详细的可靠性方块图（RBD）。 （3）进行 FMECA 分析时，可以建立一个可靠性方块图（RBD）
流程概述 （1）定义系统完成后的状态。 （2）将系统分解至设备级别，并明确各设备在系统行为上的逻辑关系。 （3）确定开始和结束点。 （4）根据开始和结束点，建立可靠性方块图（RBD）。 （5）在建立可靠性方块图（RBD）时，确保模块不重复。 （6）注意，系统可靠性逻辑可能和系统功能逻辑不一样。 （7）根据设计需要，每个模块可以被分成更小的模块，从而建立更详细的可靠性方块图（RBD）。 （8）最好通过软件来实现逻辑或者定量评估
数据要求 （1）了解系统的运行。 （2）每个模块的可靠性参数，这些参数应与预期的运行条件相关
优点 （1）复杂系统之间逻辑关系的最佳图形展示。 （2）冗余系统逻辑结构的良好可视化显示。 （3）有助于重要性分析和蒙特卡罗模拟。 （4）进行其他所有分析方法前，应用它来作为一个较好的前期分析方法
缺点 （1）对于复杂系统，建立可靠性方块图（RBD）相对困难。 （2）用可靠性方块图（RBD）进行定量分析很费时。 （3）当进行详细水平分析时，数据处理量太大。 （4）对于多功能模型，需要多个可靠性方块图（RBD）

附表 D-15　事件树分析（ETA）

事件树分析（ETA）
目的
（1）以图形方式来描述失效事件如何通过系统来传播的。 （2）确定给定失效事件的可能后果。 （3）确定需要降低风险的方面
应用时间
（1）在进行前端工程设计（FEED）和详细设计时，在系统/子系统设计完成之前进行事件树分析，以便将适当的缓解措施设计到系统中。 （2）可以辅助任何决策过程。 （3）在进行 FMECA 分析时，可能需要进行事件树分析
流程概述
（1）定义分析范围。 （2）确定要评估的起始事件。 （3）确定由起始事件引发的所有可信和直接事件，以及这些事件发生可能性和后果。 （4）将第三步中识别的直接事件作为次起始事件，并识别由次起始事件引发的可信事件和直接事件，及这些事件发生的可能性和后果。 （5）重复第四步直到确定所有的最终结果。 （6）事件树的定量分析应考虑每条支路的后果的累积。这最好由软件来完成实施。 （7）确定和推荐合适的减缓措施，并审查这些措施放入事件树后所起的作用
数据需求
（1）计算每个分支事件的可能性时，需要相关的可靠性参数。 （2）每个分支事件的后果
优点
（1）可与决策树整合。 （2）结合故障树，可进行原因-后果分析。 （3）方法简单。 （4）擅长评估顺序事件。 （5）有助于 FMECA 的后果评估。 （6）有助于蒙特卡罗分析
缺点
（1）对于复杂事件链，或部件数量较多的系统，事件树可能会变得很大，难以管理。 （2）难以表达反馈循环的能力。 （3）需要了解事件通过系统进行传播的相关知识

附表 D—16　物理失效分析

物理失效分析
目的
（1）预测不能制造设备原形的设计的可靠性。 （2）预测无法进行评估测试的设计的可靠性。 （3）减少产品研发的测试时间
应用时间
（1）最好在新技术研发的早期阶段进行。 （2）可以用于详设阶段，以有助于了解不确定性和确认所需的测试
流程概述
（1）定义分析范围。 （2）识别所需评估的失效机理。 （3）根据机械、电气、热和/或化学过程建立模型。 （4）确定每个设计参数的静态分布（如材料性质、操作应力等）。 （5）通过积分，蒙特卡罗模拟或近似方法等计算失效概率，最好由软件支持。 （6）识别和推荐合适的设计改进和/或测试方法，然后再对模型进行审核
输入数据要求
（1）所有相关材料特性的统计分布。 （2）所有相关操作应力的统计分布
优点
（1）当可以对材料和操作载荷进行详细定义时特别有用。 （2）当可以根据机械、电气、热和/或化学过程对失效机理进行很好的定义时，非常有用。 （3）采用蒙特卡罗方法作为支持。 （4）能减少所需的可靠性增长测试周期
缺点
（1）数据量很大。 （2）失效机理若不清楚无法执行。 （3）不考虑非技术性失效机理

附表 D-17　重要性分析

重要性分析
目的
（1）建立假设模型的影响。 （2）建立不确定参数的影响。 （3）确定可靠性输入数据对模拟结果的敏感性
应用时间
（1）重要性分析是设置可用性目标和要求时最好的分析方法。 （2）重要性分析可应用于去识别重点关注方面
流程概述
重要性分析没有标准执行流程。多数情况下，可以在其他分析方法（通常是故障树分析（FTA），或蒙特卡罗模拟）执行之后，再进行重要性分析。 通常，在进行可靠性设计，其重要性分析不考虑系统可用性，所以其作用有限。以下参数可用相关可靠性软件进行分析： （1）部件的 Fussell-Vesely 重要度，是该部件在系统失效情况下的失效条件概率。 （2）部件的 Barlow-Proschan 重要度，是在规定时间内由该部件失效导致系统失效的失效平均数。 （3）部件的 Birnbaum 重要度，是部件失效导致系统失效的概率
数据输入需求
（1）需要所有建模/分析必需的数据。 （2）基于蒙特卡罗模拟的重要性分析，需要所有输入至蒙特卡罗模型的相关数据
优点
（1）有助于降低不确定性或提升可靠性。 （2）可帮助理解影响（不）可靠性的关键不确定性参数。 （3）基础的分级理念可用于重要性的衡量比较
缺点
（1）通过模拟进行的重要性分析会比较耗时。 （2）每项可靠性衡量尺度都有它的局限性。 （3）可用性可能不能用于重要性分级

附表 D-18　定性共因失效分析

定性共因失效分析
目的
确定那些可能导致零件、部件或成套设备同时失效的公共事件
应用时间
（1）在系统或子系统设计的后期，最好采用此方法来确定适当的减缓措施。 （2）进行 FMECA 或者 FTA 分析时，也可以进行共因失效分析
流程概述
（1）定义分析范围。 （2）为所分析的系统准备一份可信的公共原因清单。公共原因是导致两个或更多失效同时发生的一个事件或机理。 （3）识别每个公共原因的发生的范围。 （4）识别系统中所有的最小割集（如来自故障树分析）。 （5）对每个最小割集内的部件，列出所有可能会由公共事件导致的失效。 （6）确认每个最小割集内可能由公共事件导致的失效事件，及其发生的范围
输入数据需求
（1）系统的完整定义。 （2）对零件 / 部件 / 成套设备的历史非常了解
优点
（1）识别可能的共因失效。 （2）可作为其他分析技术的延伸。 （3）不需要可靠性数据。 （4）分析冗余系统时特别有用
缺点
（1）对于复杂系统，在确定所有的最小割集时，可能用时很长。 （2）进行根据原因分析时可能被忽略

附表 D-19　定量共因失效分析

定量共因失效分析
目的
（1）预测导致零件、部件或成套设备同时失效的公共事件发生的概率。 （2）确定防止共因失效保护屏障的可靠性
应用时间
（1）在系统或子系统设计的后期，最好采用此方法来确定适当的减缓措施。进行 FMECA 或者 FTA 分析时，也可以进行共因失效分析。 （2）对系统进行可靠性分析时可能会采用
流程概述
对于定量共因失效分析可以采用数值化分析法。数据的可用性确定了可以进行那一类型的评估。 当条件概率已知或准确的估计，可采如下参数法： （1）如果共因失效发生的条件概率已知，设为 $P[M\|X]$，又，由于共因失效事件发生失效的可能性为 $P[M']$，那么 $$P[M'] = P[X]\,P[M\|X]$$ 其中 $P[X]$ 为公共原因事件发生的可能性。 （2）当失效事件和公共原因事件之间的依赖度不大时，而且每个独立事件发生的概率已知，则可采用下限法进行分析。那么失效的下限近似概率 $P_{LB}[M]$ 为 $$P_{LB}[M] = P[E1]\,P[E2]，\cdots P[En]$$ 这里 $P[En]$ 为第 n 个失效事件的发生概率。 （3）当失效事件和公共原因事件之间的依赖度较大时，而且每个独立事件发生的概率已知，则可采用上限法进行分析。那么失效的上限近似概率 $P_{UB}[M]$ 为 $$P_{UB}[M] = \min\{P[E1]，P[E2]，\cdots，P[En]\}$$ 这里 $P[En]$ 为第 n 个失效事件的发生概率。 （4）当失效事件和公共原因事件之间的依赖度适中时，而且每个独立事件发生的概率已知，则可采用均方根法进行分析。那么失效的均方根近似概率 $P_{SR}[M]$ 为 $$P_{SR}[M] = \{P_{LB}[M]\,P_{UB}[M]\}^{1/2}$$
数据需求
（1）最小割集内的每个非独立失效事件的失效数据。 （2）依赖专家意见
优点
用近似法比较简单
缺点
（1）近似法可能会高估或低估公共原因失效的概率。 （2）参数法严重依赖于有效数据

附表 D–20　可靠性可用性可维护性（RAM）分析

可靠性可用性可维护性（RAM）分析
目的 （1）评估系统维持在操作阶段的能力。 （2）有助于维护或干预活动的确定。 （3）展示了可靠性分析和建模分析的成果
应用时间 （1）在概念选择阶段，最好进行一次高层次的 RAM 分析。 （2）随着设计详细程度增加，RAM 模型可以不断更新。 （3）在确定操作和维护策略时，可进行 RAM 分析
流程概述 （1）定义分析范围。 （2）明确定义需评估的指标和计算这些指标的方法。 （3）创建一个可以代表系统逻辑的模型。 （4）将一些可靠性数据，操作和维护数据等输入至模型中。 （5）采用蒙特卡罗模拟来评估输入参数在所定义指标上的不确定性，这些分析最好借助软件来完成。 （6）提出在操作性能方面的改进建议。 （7）在模型中，审查步骤 6 中所提的推荐建议
输入数据需求 （1）要求输入每个部件的可靠性和维护性参数。 （2）要求输入操作，维护和干预策略中的相关参数。 （3）生产方面的资料
优点 （1）比起系统可靠性分析，提供了更多更具操作性的性能指标。 （2）可考虑多种操作 / 失效模式 – 最接近真实系统。 （3）采用蒙特卡罗方法作为支持。 （4）将设置的可用性目标和要求与可靠性价值分析紧密关联起来。 （5）建立在其他可靠性分析技术的输出结果上
缺点 （1）需求数据量大。 （2）有可能比较费时。 （3）可能有无效假设

附表 D-21　根本原因分析（RCA）

根本原因分析（RCA）
目的
（1）解决影响系统可靠性的问题。 （2）在根本原因层面，去识别造成失效事件的原因
应用时间
在已发生或快要发生某一失效事件，或为了解决频繁／重复发生的事件，可进行根本原因分析
流程概述
（1）记录并报告已发生的事件或事故。事件报告模板应有足够的信息来支持整个根本原因分析。 （2）对事件进行分类，并决定是否满足根本原因分析的要求。 （3）搜集数据，可以通过面谈，设计审查或者应用／维护审查来实现。 （4）采用收集的数据建立故障树来识别根本原因，或者建立事件树来确定导致事故发生的事件链，决策潜在的根源。从而确定可能的根本原因。 （5）对识别出的根本原因和假设进行验证（如通过试验）。如果根本原因未得到验证，那么审查第三步和第四步，并进行修正。 （6）报告根本原因和可能的纠正措施。 （7）评估所提议的纠正措施所带来的价值，并选择最优的方案。 （8）审批并记录相关纠正措施
输入数据需求
根据原因分析建立在收集足够的信息之上的。因此，输入数据是针对特定失效的。根本原因分析的质量取决于专业技能，知识和分析人员的经验。 （1）所分析事件的报告应包括整个事件的描述：如失效模式，失效时的条件状态，可能的原因，应急措施和直接的后果。 （2）其他辅助分析技术的相关数据（如故障树分析和事件树分析）
优点
（1）将12个关键流程与设备失效进行关联。 （2）由一系列可靠性技术驱动。 （3）逻辑性较强的调查程序。 （4）由一个正式的数据收集方法驱动。 （5）有助于共因失效分析
缺点
（1）需要大量资源。 （2）不恰当的分析可能得出错误的根本原因，或者不是完全正确的根本原因

通常，针对不同类型的风险分析侧重点不同，对于新工艺或工作流程，一般采用 HAZOP 分析，对于设备或工具类的危害识别和风险评估主要采用 FMECA 的分析方法。

D.4.3　FMECA 分析流程介绍

FMECA 是一种结构化的分析方法，目的是为了识别和分析系统／设备的所有重要的失效模式及其影响，通过确定失效发生的可能性和后果分类，对所有的失效模式和相应的系统、设备部件都进行了风险排序，因此可以确定关键的设备并加以关注。在设计阶段，FMECA 可以用来识别是否需要额外的保护系统或冗余设计。在改造阶段，FMECA 可以用来识别改造对于现有设备和装置的影响，在运行阶段也可以使用 FMECA 来识别哪些会造成重大故事的单个失效。

D.4.3.1　设备层级划分

系统划分主要是对整个生产装置按照其功能或用途划分为不同的系统，在不同的系统中又可根据各系统的设备和仪表等组成以及功能特性再细分为子系统。在对装置进行系统划分后，确定在系统中所包含的设备。系统、设备的技术层次和功能、失效模式的关系见附表 D–22、附表 D–23。

附表 D–22　设备系统划分举例（以井下安全阀为例）

设备系统名称：	井下安全阀				
子系统	组 成 部 件 名 称				
液压部分	活塞总成	静密封	动密封	控制管线接头	液压油
流管部分	流管部件	导向件	运动活塞和旋转弹簧的子部件总成		
动力弹簧部分	动力弹簧				
阀板部分	阀板	阀座	销子	弹簧	
阀体部分	管体	螺纹接头	密封件		
其他	控制管线管子	接头	管夹子		

D.4.3.2　设备功能和失效模式

设备的功能是指设备在指定的工作环境和条件下，所期望实现的作用及其性能标准。功能一般分为主要功能和次要功能。

（1）主要功能：是使用该项资产的主要目的，诸如增压、传热、反应、输送或存储等。

（2）次要功能：除主要功能外，对每种资产的附加期望值，诸如安全、控制、密封度、舒适度、结构的完整性、经济性、防护、运行效率、符合环保法规要求、甚至还包括资产的外观等。

功能失效是指故障／失效使得资产不能达到用户所能接受的、能满足绩效标准的功能。除了功能的完全失效外，功能性失效还包括部分失效，即资产仍然可工作，但是性能指标达不到要求；包括资产不能维持可接受的质量或精确度要求。只有当资产的功能和性能标准被定义清楚之后，才能清楚的识别功能性的失效模式。

失效模式是指故障的状态或形式，对于大多数典型的设备类型，ISO 14224 标准给出了推荐的失效模式列表，示意见附表 D-23 至附表 D-26。在进行 FMECA 分析时，还应考虑合理的可能的"失效模式"包括：

（1）同样运行环境下在同样或类似设备上已经发生的事件

（2）在现有的使用环境下，正在被预防的失效事件

（3）还没有发生、但是被怀疑极大可能发生的故障事件

根据风险矩阵，对于风险等级低、中、高三种风险模式，应制定相应的验证计划。对于风险等级为低的失效模式，可由有资质人员通过定性估计来确定是否需要制定验证计划。低风险失效模式不得在可能失效模式列表中删除。

当采取相应的缓解措施，并取得相关的验证依据和信息后，需要对失效模式的风险等级进行更新。下面是一些来源于 WellMaster 中设备的可靠性数据统计表，可以借鉴。

附表 D−23　不同长度、尺寸套管的失效模式与可靠性数据

分类	长度 * 服役时间 km*a	失效模式	失效速率，（km·a）$^{-1}$		
			置信下限 LCL	平均值	置信上限 UCL
套管常规尺寸 $\leqslant 10\frac{3}{4}$in	144856.64	总计（断裂、挤毁、弯曲、泄漏及其他）	0.0008	0.0009	0.0011
套管常规尺寸 $\leqslant 9\frac{7}{8}$in	130668.12	总计（断裂、挤毁、弯曲、泄漏及其他）	0.0007	0.0009	0.001
套管常规尺寸 $\leqslant 10\frac{3}{4}$in 且 $\geqslant 7$in	112499.77	总计（断裂、挤毁、弯曲、泄漏及其他）	0.0008	0.0009	0.0011

附表 D−24　注入阀可靠性统计

名称	服役时间 a	失效模式	平均无故障时间，a		
			置信下限	平均值	置信上限
井下注入阀	66.31	失效关	4.22	7.37	14.21
		关位泄漏	2.6	3.9	6.11
		提前释放 / 断开	28.8	>66.31	—
		失效开	28.8	>66.32	—
		失效释放 / 断开	28.8	>66.33	—
		其他	28.8	>66.34	—
		总计	1.84	2.55	3.64
井下安全注入阀（统计日期从 2007.01.01 开始）	17.19	失效关	7.46	17.19	
		关位泄漏	2.22	5.73	20.96
		提前释放 / 断开	7.46	>17.19	—
		失效开	7.46	>17.20	—
		失效释放 / 断开	7.46	>17.21	—
		其他	7.46	>17.22	—
		总计	2.22	5.73	20.96

附表 D—25　阀板式地面控制钢丝绳可回收式安全阀可靠性统计

类型	服役时间 a	失效模式	平均无故障时间，a
井下安全阀	5768.28	失效关	43.05
		关位泄漏	33.15
		安全阀提前关闭	339.31
		失效开	250.79
		液压油控制管线泄漏至井内	43.37
		井流泄漏至控制管线内	54.94
		其他	144.21
		总计	9.21
安全阀（从 2007.01.01 开始统计）	284	失效关	12.35
		关位泄漏	9.79
		安全阀提前关闭	284
		失效开	284
		液压油控制管线泄漏至井内	56.8
		井流泄漏至控制管线内	47.33
		其他	94.67
		总计	4.3
采油井中使 用的安全阀	2905.15	失效关	30.91
		关位泄漏	21.84
		安全阀提前关闭	363.14
		失效开	152.9
		液压油控制管线泄漏至井内	28.48
		井流泄漏至控制管线内	40.35
		其他	107.6
		总计	6.38

附表 D−26　阀板式地面控制井下安全阀可靠性统计

类型	服役时间 a	失效模式	平均无故障时间，a		
			置信下限	平均值	置信上限
阀板式安全阀	29816.41	失效关	96.3	110.4	128.2
		关位泄漏	68.7	78.3	90.3
		阀门提前关闭	419.2	523.1	660.8
		失效开	854.1	1192.7	1715.6
		液压油控制管线泄漏至井内	419.2	523.1	660.8
		井流泄漏至控制管线内	419.2	523.1	660.8
		其他	612.6	805.8	1080.3
		总计	29.9	33.7	38.6

D.4.3.3　FMECA 分析

FMECA 分析涉及的主要工作步骤如下，其分析流程如附图 D−7 所示。

（1）文件审查。

（2）选择分析的对象（系统中的每个设备）。

（3）定义各部件功能。

（4）研究各部件可能的失效模式和失效原因。

（5）确定失效可能性等级。

（6）失效的影响与失效的后果等级。

（7）现有的保护措施。

（8）确定失效模式的关键性（风险）。

（9）制定新技术评估验证活动策略和计划。

FMECA 分析通常是以会议的形式进行分析和讨论，参与会议的人员都是熟悉该设备的人员，包括设计人员，操作人员，设备供应商，安全人员，会议上典型的问题如下：

（1）系统中的主要设备（或部件）是什么？

（2）这些设备的主要功能和性能标准是什么？

（3）失效的表现形式有哪些？

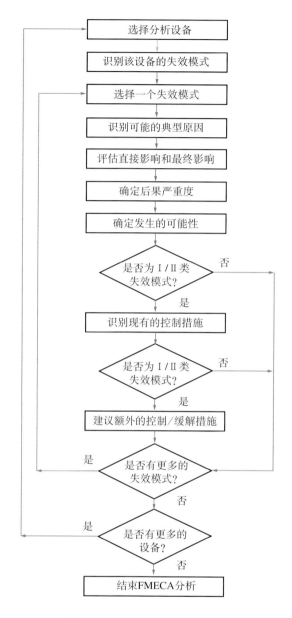

附图 D-7 FMECA 分析流程

（4）是什么原因导致这种类型的失效？

（5）该失效会对系统产生什么样的影响？

（6）该失效会对整个装置产生什么样的影响？

（7）如何降低失效发生的可能性？

（8）如何缓解失效产生的潜在后果？

（9）该失效是否可探测，是不是隐藏失效？

（10）针对该失效制定什么样的验证活动？验证执行的详细程度？

（11）是否有其他方法来提高验证活动的可靠性？

FMECA 分析以会议的方式进行分析后应以表格的形式记录下来，其分析表格主要内容见附表 D–27。

附表 D–27　FMECA 分析表格

序号	部件	功能	失效模式	失效机理	系统和局部的失效影响	失效探测	保护措施	后果	可能性	关键性	备注	行动项

D.4.3.4　关键性和验证活动

进行 FMECA 分析后的验证活动及执行验证水平与设备部件的关键性等级相关，根据风险矩阵确定出不同的关键性等级后可以制定针对性的执行策略进行验证活动。

D.5　验证与确认（包括验证测试计划的制定与执行）

针对风险评估分析出的可能的失效模式，可以制定详细的技术评估活动验证程序，通过使用测量、计算、分析、测试等方式来验证技术的合规性，其主要目的如下：

（1）确定最终需要进行详细评估活动的设备部件。

（2）制定综合的评估工作程序，详细规划评估和测试活动以减少对制造和生产作业的影响，以及减少费用。

（3）明确定义设计审查，检验，测量，测试等活动的范围和详细程度，以便验证测试计划的完成。

验证活动程序的制定又与需要验证的水平和关键性相关，根据前面章节分析得出具体的失效模式与风险后，可制定相应水平的验证活动，选择合适的验证方法，或者结合多种验证测试方法执行验证测试计划。

D.5.1　验证活动水平与关键性

不同的关键性等级对应不同的验证活动水平需求，通过使用上一章的风险矩阵表可确定出低、中、高三种风险等级的设备，进而可分类对应划分为低、中、高关键性的设备，附表D-28给出了基于三个关键性等级的验证活动原则。由此，该新技术验证活动的主要内容和详细程度说明如下：

附表 D-28　验证活动水平分类

等级	系统特征	典型的验证内容
低 (L)	（1）验证的设计，不涉及有害物质，和（或）安装在温和的环境条件下。 （2）最先进的设计、制造和安装，经验丰富的承包商。 （3）失效后的安全、环境、和经济后果较小。 （4）完工计划较轻松	（1）审核设计和建造阶段基本的原则。 （2）审核主要的设计文件、建造程序和质量认证报告。 （3）现场参与系统测试
中 (M)	（1）设备或部件处在中等的环境或很好控制的环境条件下。 （2）厂家设计的新颖程度中等。 （3）失效后的安全、环境和经济后果中等。 （4）完工计划较平常。	（1）审核设计和建造阶段基本的原则。 （2）详细审核主要的和其他选定的设计文件、并进行简化的独立计算。 （3）全程参与质量验证过程，并审核结果报告。 （4）基于审计的或定期访问现场
高 (H)	（1）创新的设计。 （2）恶劣的环境条件。 （3）工厂的新颖程度较高，或技术跨越较大。 （4）承包商经验有限或完工计划较紧。 （5）失效后的安全、环境、和经济后果很高	（1）审核设计和建造阶段基本的原则和生产系统。 （2）详细审核大部分的设计文件、并进行背靠背的独立计算校核。 （3）全程参与质量验证过程，并审核结果报告。 （4）全程参与现场的大多数活动

（1）低关键性设备（L）。

对于低关键性设备，详细的评估评估活动仅限于评估制造商的质量保证体系。如果制造商有标准的质量体系，则对低关键性设备是足够有效的。质量体系的审核使用检查表的方法，审核质量计划，目的在于证明针对低关键性设备的可能发生的失效模式，质量体系提供了中等置信程度的失效探测手段。

（2）中关键性设备（M）。

对于中关键性设备，评估评估活动的详细水平与低关键性设备类似。但是对于静设备需要扩大无损检测的覆盖范围，以便提高缺陷检出概率。

（3）高关键性设备（H）。

对于高关键性设备（包括最高风险的设备），应根据设备特性制定针对性的详细评估活动。活动应考虑所有潜在的失效模式和退化机理，对于可靠性有极高要求的，评估活动可以考虑使用多种不同技术的结合，以便证明技术的长期可靠性。

D.5.2　验证测试方法

针对一个产品或材料的评估方法包括预测方法，加速测试方法，如有可能也可以采用长周期测试方法。针对新工艺、新技术的评估方法也有实际验证或模拟验证，一般的根据具体需求情况，行业中比较可靠的的验证测试方法均可借鉴。

D.5.2.1　预测分析

预测分析是基于产品材料性能分析评估的基础上进行的，并且考虑了特定的设计环境和设计寿命。一个充分的预测方法需要环境应力参数（ESF，包括温度升高、氧含量、臭氧、机械载荷、水深、紫外线辐射等）的知识和分析结果，以及其对应的老化机理（包括物理的、化学的、或两种综合）。预测分析的目的是要预测在特定的环境下产品的寿命影响。

预测分析通常是基于假设和实际设备或机理的理论简化模型，因此有时需要通过测试来校验其是否适用于特定环境或新的环境。

D.5.2.2　长周期测试

长周期测试的目的是校验理论预测模型的结果，或者依据测试建立经验模型。在环境条件下进行长周期测试是最有效的新技术评估方法，但其又是最不经济的方法，可能在实际过程中不可行。

D.5.2.3 加速测试

确定加速测试方法分以下四个步骤：

（1）定义产品／材料的使用环境（如升高的温度、氧含量、臭氧、机械载荷、水深、紫外辐射等）。

（2）识别损伤机理（物理的、化学的、或两则综合的）。

（3）识别加速参数：综合载荷（疲劳、静态），温度（恒温、温度循环），湿度温度，氧含量等。

（4）识别表征指标（剩余强度、刚度、疲劳寿命等）。

一旦确定开展加速测试，应选择加速参数的测试范围，建立表征指标（或时间缩短）与加速参数之间的函数关系。

D.5.2.4 其他

包括材料检验，测试（符合性测试、质量测试、可靠性评估测试等）。

D.5.3 验证测试计划的执行

执行验证测试计划的活动，主要目的是为了获取符合技术要求所需的验证依据。依据上一步选用的验证测试方法，可以执行具体的验证测试活动计划来完成验证。

执行验证测试计划主要包括以下步骤：

（1）执行验证测试计划中各项活动。

（2）收集并记录下验证测试活动中产生的各项数据。

（3）确保这些数据的可追溯性。

（4）确定每一种失效模式的安全系数。

应严格执行验证测试计划中所确定的相关活动，除非一些偏离已在预期计划之内。验证测试活动中所采用的各种假设及条件均应记录下来。

D.6 性能评估

性能评估是为了确认与新技术相关的所有风险和不确定性

都已降低至可接受水平，满足了技术要求中所需的性能要求，给新技术的应用提供信心。因此，性能评估的结果最终决定了技术是否可用，或是否需要一定的限制条件与措施来保证推广使用的可靠性。

性能评估主要包括以下步骤：

（1）在新技术应用的特殊背景下，对所有证据进行解释，需考虑到证据产生过程中的简化和假设条件，以及验证方法的局限性和近似性。

（2）确认所有的验证测试活动都已执行，且达到了可接受准则要求。这其中关键的一步就是进行差距分析，以确保所有失效模式的相关证据已满足要求。

（3）对相关参数影响进行敏感性分析。

（4）评估通过验证测试活动中所获得证据的置信度。评估时应考虑到验证测试要求是否经过独立评估，验证测试活动是否由独立第三方进行见证等。

（5）将每一种失效模式的失效可能性或性能裕度与评估基础中所需的性能要求进行对比。相关的证据应覆盖到所有单个新技术要素，并已进行审核。

当评估中使用到历史服役记录，应对这些历史记录中的服役条件进行说明，且在进行性能评估时，应考虑到历史服役条件与评估使用条件在哪些方面存在不同。

如果证据来自于部件或样本试验时，性能评估中应考虑到试验真实偏差，以及新技术要求偏差，并应对测试样品和实际应用设备之间的任何偏差进行说明。

如果通过性能评估，确定一些所需功能要求不能达到或满足，则应确定给出其他的风险控制手段或更进一步的验证活动等。如在现有的依据的基础上，可通过缩小操作范围，提高检验，维护和修复策略等，以使其满足所需的功能要求。如果确认所有可行的手段都无法使其满足要求，则新技术不能满足使用条件。